心理传记与质性心理学

Psychobiography and Qualitative Psychology

中国心理学会心理学质性研究专业委员会
岭南师范学院心理传记学与生命叙事研究所
主办

2019 Vol.5

第五辑

郑剑虹

刘电芝

主编

中央编译出版社

图书在版编目（CIP）数据

心理传记与质性心理学. 第5辑 / 郑剑虹，刘电芝主编. —北京：中央编译出版社，2019.6
ISBN 978-7-5117-3726-7

Ⅰ. ①心…
Ⅱ. ①郑… ②刘…
Ⅲ. ①心理学－文集
Ⅳ. ①B84-53

中国版本图书馆 CIP 数据核字（2019）第 119388 号

心理传记与质性心理学. 第5辑

出 版 人：葛海彦
出版统筹：贾宇琰
责任编辑：朱瑞雪
责任印制：刘　慧
出版发行：中央编译出版社
地　　址：北京西城区车公庄大街乙5号鸿儒大厦B座（100044）
电　　话：（010）52612345（总编室）　　（010）52612341（编辑室）
　　　　　（010）52612316（发行部）　　（010）52612346（馆配部）
传　　真：（010）66515838
经　　销：全国新华书店
印　　刷：河北下花园光华印刷有限责任公司
开　　本：787毫米×1092毫米　1/16
字　　数：190千字
印　　张：14
版　　次：2019年6月第1版
印　　次：2019年6月第1次印刷
定　　价：89.00元

网　　址：www.cctphome.com　　　　邮　　箱：cctp@cctphome.com
新浪微博：@中央编译出版社　　　　　微　　信：中央编译出版社(ID: cctphome)
淘宝店铺：中央编译出版社直销店(http://shop108367160.taobao.com)
　　　　　(010)55626985

本社常年法律顾问：北京市吴栾赵阎律师事务所律师　闫军　梁勤
凡有印装质量问题，本社负责调换，电话：（010）55626985

主办：中国心理学会心理学质性研究专业委员会
　　　岭南师范学院心理传记学与生命叙事研究所

编审委员会

编审顾问：黄希庭
主　　编：郑剑虹　刘电芝
副 主 编：郭永玉　钟　年　燕良轼　甘怡群　杨莉萍
编审委员（按姓氏笔画排序）：
　　丁兴祥（台湾辅仁大学）
　　丁道群（湖南师范大学）
　　尹可丽（云南师范大学）
　　甘怡群（北京大学）
　　叶一舵（福建师范大学）
　　田良臣（江南大学）
　　田　宝（首都师范大学）
　　刘电芝（苏州大学）
　　刘　力（北京师范大学）
　　刘学兰（华南师范大学）
　　刘　毅（武汉大学）
　　李文玫（台湾龙华科技大学）
　　李力红（东北师范大学）
　　李继波（岭南师范学院）
　　毕重增（西南大学）
　　江　波（苏州大学）
　　吴继霞（苏州大学）
　　谷传华（华中师范大学）
　　陈祥美（台湾中国文化大学）

陈建文（华中科技大学）
陈羿君（苏州大学）
陈顺森（闽南师范大学）
张雨青（中国科学院）
张慈宜（台湾辅仁大学）
张宝山（陕西师范大学）
杨莉萍（南京师范大学）
杨　玲（西北师范大学）
郑剑虹（岭南师范学院）
郑荣双（岭南师范学院）
范丽恒（河南大学）
罗文波（辽宁师范大学）
钟　年（武汉大学）
郭永玉（南京师范大学）
郭斯萍（广州大学）
贾宇琰（中央编译出版社）
贾林祥（江苏师范大学）
耿文秀（华东师范大学）
翁开诚（台湾辅仁大学）
徐建平（北京师范大学）
凌　辉（湖南师范大学）
萧延中（华东师范大学）
阎书昌（河北师范大学）
傅安国（海南大学）
舒跃育（西北师范大学）
赖诚斌（台湾辅仁大学）
翟　群（澳门理工学院）
燕良轼（湖南师范大学）
薛荣祥（台湾龙华科技大学）

编辑部主任：何吴明博士（岭南师范学院）

《心理传记与质性心理学》
（原名《生命叙事与心理传记学》）改版序

2012年，首届"海峡两岸生命叙事与心理传记学"学术研讨会在中国台湾举行，两岸学者在会中和会后的交流中，均认为有必要创办该领域的学术刊物，来推动人文取向心理学在海峡两岸的发展。2014年，两岸学者组建共同的编委会，在台湾和大陆同时出版《生命叙事与心理传记学》期刊和集刊，每年出版一辑。台湾繁体字版期刊由2013年成立的台湾生命叙事与心理传记学会主办，台湾华艺数位股份有限公司出版发行；大陆简体字版集刊由岭南师范学院心理传记学与生命叙事研究所和台湾生命叙事与心理传记学会共同主办，中央编译出版社出版。至2017年，已出版该期刊和集刊4辑。两岸也在此期间轮流主办了四届"生命叙事与心理传记学"学术研讨会。借助定期举办的会议和刊物发表阵地，从事该领域研究的海峡两岸学者也逐渐增多，并推动了海峡两岸更多的高校开设相关课程和培养该领域的研究生。在此基础上，并得到中国心理学会各位常务理事的支持，大陆也于2018年1月获批成立了中国心理学会心理学质性研究专业委员会。为了规范集刊的出版，更好地推进我国的心理学质性研究，《生命叙事与心理传记学》集刊拟从2019年开始改版，改名为《心理传记与质性心理学》，每年出版两辑（分别于6月和12月出版），由中国心理学会心理学质性研究专业委员会和岭南师范学院心理传记学与生命叙事研究所主办，中央编译出版社出版。并重新组建了包含部分台湾学者在内的新的编审委员会。为了保持与前面已出版的4辑集刊的连续性，首次改版后于6月出版的集刊为第五辑。

本集刊的改版得到了当代教育名家、西南大学资深教授黄希庭先生的大力支持，黄先生欣然答应继续担任本刊的编审顾问，并为改版后的第五辑写了寄语；中国心理学会的两位前任理事长乐国安教授和傅小兰教授以及长期致力于推动华人本土心理学研究的杨中芳教授也给予了大力支持，亦为改版后的集刊写了寄语；在此我们代表编委会对上述四位教授表示衷心感谢！也借此机会，对多年来一直支持心理学质性研究的诸多心理学专家表示敬意和谢意！

本集刊的改版也得到了中国心理学会心理学质性研究专业委员会及各位委员的支持，特别是专委会的发起人郭永玉教授、刘力教授、钟年教授、燕良轼教授以及甘怡群教授、杨莉萍教授的关心和支持！中央编译出版社及其副总编辑贾宇琰、责任编辑王琳和朱瑞雪多年来一直认真对待每一辑文章的排版、设计、校对、编辑和出版发行，并给予了包括改版在内的许多建设性建议，从而提升了刊物的质量和印刷的精美度，在此也一并表示我们深深的敬意和谢意！

还要特别感谢以辅仁大学心理学系丁兴祥教授为代表的台湾同仁多年来一路相伴而行，一起推动海峡两岸心理学质性研究的发展，我们的改版也得到了他们的首肯和支持，大家都同意通过新的方式继续保持两岸的合作关系，本辑所发表的7篇文章中有3篇出自台湾地区作者之手，正是延续两岸这种合作关系的体现。

此外，也要感谢本辑7篇论文的作者和审稿人，他们的辛勤付出和努力，使得文章的质量得以保证，但我国的心理学质性研究和西方相比仍有较大的差距，本辑刊发的7篇论文，在质量上都还有较大的提升空间，我们期待在不久的将来，通过大家的共同努力，中国的心理学质性研究无论在数量上还是质量上都有一个较大的飞跃，从而为我国的心理学发展做出自己独特的贡献。

郑剑虹　刘电芝

2019年6月15日

心理传记学

潘菽院士如何成为理论家：一种心理传记学研究
包声飞　郑剑虹　／1
闻一多人格发展的心理传记学研究
沈　楠　尹可丽　／27
从"绝望"到"希望"——史铁生的心理传记分析
舒跃育　唐文婷　／59

叙事心理

走一趟生命文本的反思旅程：从文本解读的观点再看叙说心理研究
李文玫　／95
霸王卸甲：透过自我叙说找回真实的力量
蔡健功　陈易芬　／127
祭如在：自我分析中的他者关系
陈慧玲　／155

参与式观察

长寿即福——基于老人生活世界的参与式观察和非正式访谈

王堂生　钟　年　/ 179

《心理传记与质性心理学》征稿启事　/ 207

contents

Psychobiography

How Pan Shu Turned into a Theorist: A Psychobiographical Study
Bao Sheng-fei   Zheng Jian-hong   / 1

Psychobiographical Research of Wen Yiduo's Personality Development
Shen Nan and Yin Ke-li   / 27

From "Despair" to "Hope": Psychobiographical Analysis of Shi Tiesheng
Shu Yue-yu   Tang Wenting   / 59

Narrative Psychology

Walking Through the Reflection Journey of Life "Text": From The View of Text Interpretation to Narrative Psychology Research
Li Wen-Mei   / 95

Overlord Resurrection: Using Self-Narrative Retrieve Real Power
Tsai Chien-Kung and Chen Yih-Fen   / 127

When Sacrifice, as if Spirit is Present: Self-Analysis of the Relationship with the Other
Chen Hui-ling   / 155

Participant Observation

Longevity is Blessing: A Study on the Life World of the Elders Based on Participant Observation and Informal Interview

Wang Tang-sheng and Zhong Nian / 179

Call for Papers / 207

潘菽院士如何成为理论家：
一种心理传记学研究*

包声飞[1,**]　郑剑虹[2,3]

(^{1}云南师范大学心理学系，昆明，650500)

(^{2}岭南师范学院心理学系暨心理传记学与生命叙事研究所，湛江，524048)

(^{3}特殊儿童心理评估与康复广东省高校哲学社会科学重点实验室，湛江，524048)

/ 摘　要 /

　　潘菽是我国理论心理学的倡导者、奠基人，为中国心理学发展做出了巨大贡献。潘菽早期受严格的自然科学训练，从事心理学的实验研究，并且希望通过实验研究消除心理学的派别纷争。那他又是如何转向理论心理学研究呢？他的理论思想与他的生命故事有何关联？为此，本研究运用心理传记学方法，通过对其生命故事的分析，揭示其转向理论心理学研究的深层原因。研究发现，早期教育

---

* 基金项目：国家社会科学基金教育学一般课题，心理传记学视角下杰出科学人才的成长特点与影响因素研究（课题批准号：BBA160043）

** 通讯作者：包声飞，硕士研究生，E-mail: 1261530689@qq.com

与家庭环境为潘菽从事中国古代心理学思想研究奠定了良好的传统文化基础;青少年时期对朱熹的英雄崇拜以及参与"五四"运动所激发的爱国精神是其发展中国特色心理学、追求成为大学问家的内在心理动力;重要他人以及时代、社会环境的影响是其转向理论心理学研究,成为理论心理学大家的外部因素。

/ 关键词 /

潘菽,心理学家,心理传记

一、引言

美国心理传记学家舒尔茨(W. T. Schutz)在2005年其主编出版的《心理传记学手册》中,将心理学家的心理传记学研究作为心理传记学的一个重要分支领域,该手册收录了对弗洛伊德、奥尔波特、埃里克森、史蒂文斯等杰出心理学家进行心理传记学研究的多篇论文,并从理论上阐述了心理学家的生命故事与其心理学思想和理论的密切关系(郑剑虹等译,2011)。采用心理传记方法研究心理学家的生命故事,能够使我们洞察心理学家建立理论的创造性过程,有助于我们更好地理解心理学理论。在我国开展心理传记学研究,要加强应用探讨以及着手进行中国杰出心理学家的心理传记学研究(郑剑虹、黄希庭,2013)。

目前,国内罕见中国心理学家的心理传记研究。研究中国心理学家有助于了解中国社会发展与中国心理学发展的关系,了解中国心理学家思想形成与社会历史文化环境的关系,有助于发展中国特色的心理学,有助于丰富和深化中国心理学史研究，老一辈心理学家见证了我国心理学的发展，他们的学术生命轨迹综合起来就是一部中国心理学的发展史。作为我国心理学的奠基人之一，潘菽早年留学美国，接受严格的实验研究训练，并立志从事实验研究，但最终却转向理论探索，成为我国理论心理学的主要倡导者和奠基人。从心理传记学的角度探讨这种转向的深层原因，对了解潘菽本人以及个人、时代背景与中国心理学发展的关系具有重要的理论与现实意义。

潘菽（1897—1988），号有年，字水叔（菽），著名心理学家、教育家和社会活动家。早年留学美国，获芝加哥大学博士学位，1927年回国后，历任第四中山大学（后改称中央大学）心理学系副教授、教授、系主任。1949年之后，先后任南京大学（原中央大学）教务长、校务委员会主席、第一任校长，并兼心理系主任。1955年被聘为首批中国科学院生物学部委员（今称院士）。中国心理学会重建后连任三届理事长。1956年中国科学院心理研究室与南京大学心理系合并成立中国科学院心理研究所后，一直任所长，1983年改任名誉所长。此外，潘菽是我国九三学社的创始人之一，曾任九三学社中央副主席。

潘菽一生为"建立有中国特色的心理学"而不懈努力，鞠躬尽瘁，为我国心理学的发展做出了巨大贡献，尤其在心理学基本理论方面提出许多独特而深刻的观点。其中包括心理活动的二分法、心理学的学科性质界定、身心问题的唯物一元论观点、辩证唯物论的心理学研究指导原则、对我国古代心理学思想的挖掘等。这些见解和研究对我国理论心理学的发展有着重大影响。纵观潘菽的心理学历程，他于20世纪30年代后期学习马列主义哲学后深受启发，开始从整体上重视对心理学基本理论的研究，潘菽认为任何科学的健康发展必须建立在健全的哲学基础之上，而辩证唯物论就是心理学得以顺利发展的理论基础，坚持学习马克思主义哲学和开展心理学基本理论问题的研究，才能从根本上提高心理学的科学性。在其提出的发展我国心理学的四条主要途径中，为首的一条就是"要坚持马克思主义哲学的指导"(《潘菽全集》总序，2007：3)。

然而在此之前，潘菽主要从事心理学的实验研究，认为实验获得的结果可以提高心理学的科学性，并希望通过实验研究消除心理学各派别的纷争。1921年，潘菽怀着"教育救国"的思想去美国学习教育学，他发现"美国的教育不一定符合中国国情，用美国的教育未必能解决中国的问题"(《潘菽全集》第一卷，2007：8)，而后改学心理学。1923年获得印第安纳大学硕士学位，后到芝加哥大学攻读博士学位，师从卡尔（H. Carr），并在其指导下，完成博士论文《背景对学习和回忆的影响》。在潘菽留美期间，正值行为主义蓬勃发展的时期，这个时期留学西方的第一代中国心理学家们，大都受到行为主义的深刻影响，毫无疑问，潘菽自然也受到了这场轰轰烈烈的"革命"洗礼。在念硕士和博士期间，潘菽对实验心理学课程尤为重视，经常得到"优"的成绩，同时选修了胚胎学、遗传学、动物行为学、神经学、生理学和化学等课程，接受严格的自然科学训练。1927年回国后，潘菽在中央大学任教，在教学之外，主要开展的是实验研究，取得一些成果。

一开始就走主流心理学道路，并对实验研究寄予厚望，而后转向基本理论研究，无疑是潘菽学术生涯的一个重大转折。在转变方向后，潘菽在心理学理论研究中取得了丰硕的成果，建立了中国特色的辩证唯物论心理学理论体系，为我国理论心理学做出了重大贡献，引领了中国心理学的发展。这种转向背后的深层次原因是什么？本研究将围绕这个悬念性问题，运用心理传记学的方法，以《潘菽全集》为基本研究资料，辅以其他相关文献，对潘菽的生命故事进行分析，以探索心理学家的生命故事与其从事研究领域和理论提出的关系。

二、家庭环境与早期教育

家庭是一个人最早接受教育和社会化的环境。家庭环境的性质和特点通常会影响儿童社会性情感、人格品质的发展（谷传华、陈会昌、许晶晶，2003）。对中国当代成就人物传记资料的研究发现，学术界的成就者大部分出身于文化家庭（郑剑虹，2006）。潘菽出身于书香门第，家有"耕读传家，不入仕途"的祖训。曾祖父和祖父分别是清朝道光、咸丰年间的举人，两个伯父都是光绪年间的秀才。父亲秉性耿直、倔强，是村上私塾先生。潘菽6岁开始在父亲开办的蒙馆里读四书五经，从小天资聪颖，勤奋好学，学习成绩优异。在自传里，潘菽提到：

> 我从六岁起在父亲办的蒙馆里读四书五经。因父亲管教很严，加上可以吃点"偏饭"，所以小时候学习成绩不差。（《潘菽全集》第一卷，2007：6）

四书五经乃儒家经典著作，是南宋以来儿童主要的启蒙教育书籍。父亲为私塾先生，文采出众，对儿子教育严格，潘菽的早期教育深受中国传统文化的影响。儿子潘宁堡在回忆父亲时也曾讲道：

> 父亲出身于读书人家。祖父在家里办了个私塾，他要求学生包括自己的子女都好好读书，将来尽忠报国。父亲勤奋好学，记忆力强从小就是出了名的，从小学到中学，年年都是第一名。（潘宁堡、陈绍英，2008）

潘菽在回顾自己六十多年的心理学历程时谈到中学读了不少中国古代思想家的书，对哲学感兴趣，因此，毕业后报考了北大哲学系。潘菽在早期就有良好的教育基础。精神分析理论认为早期教育带给人们的影响是深刻的、永久的。一个人如果从小就能受到良好的教育，不仅智力资源能够得到很好的利用，而且道德品质也能受到规范化的熏染（林秉贤，1983）。

中国古代没有心理学这一门学科，但古代许多哲学家的言论蕴含着丰富的心理学思想。基于深厚的中国哲学和中国传统文化的功底，潘菽后来对我国古代的心理学思想进行了大量的研究。潘菽认为中国古代心理学思想历史悠久，不乏许多符合科学而光辉独特的思想，如"人贵论""天人论""形神论""性习论""知行论""情二端论""唯物论的认识论"等（《潘菽全集》第一卷，2007：5），并与高觉敷主编出版了《中国古代心理学思想研究》（1983）。潘菽一直强调建立中国特色的心理学必须要不断发掘我国古代的心理学思想，古为今用。潘菽由实验研究转向心理学基本理论探索，并在我国古代心理学思想研究中取得卓越成就，显然与其早期接受的教育和家庭环境的影响是分不开的。

三、英雄崇拜

英雄是理想人格的象征，英雄崇拜是激发人们学习英雄的心理基础和内化英雄精神、完成人格重塑的重要途径（何其二，2011）。人们通过对英雄的模仿，成长为符合社会期望的有着完善人格的人。阿德勒认为，追求卓越是人类的一种基本动机，每个人的整个生命和精神活动都具有一定的目标性和方向性，这个目标就是追求优越，包含了个人完善、个人成就、满足和自我实现（叶浩生，2004）。英雄作为理想人物，是个体完善自我的标准。通过对理想人物的认同、模仿和信奉，去实现理想自我。潘菽自青少年时就崇拜朱熹，对朱熹的崇拜是他走上理论研究道路的一个重要的影响因素。

朱熹，南宋著名的理学家、思想家、哲学家、教育家。在中国文化史、思想史、教育史和礼教史上，朱熹都有着崇高的地位，其影响堪比孔子，后人称其为"三代下的孔子"，"功不在孟子之下"，后世有"南朱北孔"之说。

潘菽自幼勤奋好学，天资聪慧，在中学时代就读了朱熹的著作。对一个正处于人生观、价值观逐渐形成的青春期少年，朱熹就是潘菽崇拜和模仿的对象。这位少年不仅是对英雄单纯的崇拜，更是要成为像英雄一样的大人物。在自传里，他说：

  在中学期间读过一些先秦诸子和宋明理学家的书及其杂书。当时印象最深的是宋代哲学家朱熹，觉得此人很有学问。当时很崇拜他，并希望自己将来也成为像朱熹一样的"大学问家"。(《潘菽全集》第一卷，2007：7)

此外，在回顾自己的心理学历程时，潘菽再次谈到中学时代对朱熹的崇拜。

  读中学时，……那时我就已读了不少我国古代思想家的书，尤其喜欢宋代哲学家朱熹的著作，并作诗言志，希望自己将来也能成为像朱熹一样的大学问家。(《潘菽全集》第十卷，2007：260)

可见这位天资聪慧、勤奋好学的少年是多么踌躇满志，意气风发。英雄崇拜的一个标志就是对英雄的认同与模仿。朱熹在《四书集注·论语·学而》里写道："曾子以此三者日省其身，有则改之，无则加勉，其自治诚切如此，可谓得为学之本矣。"朱熹认为学习的根本是"日省吾身"。在这点上，潘菽是完全受其影响的，通过每天写日记来反省自己，以达到学习的目的。在追念五四时代时他就提到：

  我中学的最后两年已渐受宋儒一派人的影响，每天一早就起身，临睡前记日记，检点自己一天的所作所为。(《潘菽全集》第十卷，2007：200)

这里所说的"宋儒一派人"无疑指的就是朱熹。还有,潘菽在 1983 年所写的《十靠吟》:"教养靠父母,识知靠师友,立志靠前贤……"(《潘菽全集》第十卷,2007:256)这里的"前贤"同样指的是朱熹。由此可见朱熹对其生命目标的确立起了非常大的作用。

根据埃里克森心理发展的八阶段论,青少年时期(中学时期)是儿童认同发展的关键期,青少年在这个阶段主要的任务在于形成"自我同一性",即形成健康、发展的自我认同。虽然在现有的文献资料中没有发现潘菽青少年时期陷入自我同一性危机,但仍然存在这样的一种可能:潘菽以朱熹为榜样,通过对榜样的崇拜而实现个人同一性的获得,并将这样的崇拜延续一生。这可以从对潘菽与朱熹的人生经历和思想的比较中窥见一斑。

其一,卓越的教育贡献。朱熹一生志在树立理学,他广招学徒,长期从事讲学活动,在教育上造诣颇深。再看潘菽,作为一名教育家和社会活动家,对我国的教育事业做出了巨大贡献。在他执教的 30 年里,为国家培养了大批人才,积累了丰富的教育教学经验,提出了许多有价值的教育主张和教育思想。如"发展适合中国国情的自主和创新教育""给予学生生活的训练和陶养"等。为了我国的教育,潘菽同样付出了一生的心血。从这点看,潘菽似乎走着"心中英雄"的道路。

其二,相似的晚年经历。庆元元年(1195),南宋朝廷发动了一场抨击"理学"的运动。朱熹被斥为"伪学魁首",被落职罢祠。朱熹身受百病,生命垂危,为使道统后继有人,以顽强的生命力着手整理文献,抓紧著述,并每日为学生讲授课程,直到口不能言。最后,71 岁的朱熹临死还在修改《大学·诚意章》。在中国心理学发展史上,心理学科研和教学工作同样经历过破坏。在"文革"十年里,心理学的发展处于停滞状态。当时 70 岁高龄的潘菽患有心肌梗塞,疾病和各种折磨随时都有可能夺去他的生命。然而潘菽坚信"心理学作为一门科学是砸不烂的,也是取消不了的。……心理学必将得到新生,前途是光明的"(《潘菽全集》第一卷,2007:14)。在这种信念的支撑下,潘菽坚持《心理学简札》的写作,完成了五六十万字的书稿。20世纪80年代初出版的《心理学简札》,见证了"中国没有心理学时代的中国心理学"。不难想象,潘菽肯定对朱熹的生平非常熟悉与了解。面对逆境,潘菽所表现出来的人格、意志与"心中的英雄"何其相似,朱熹就是潘菽心中的那个"理想自我"。

其三,集大成者的理想。朱熹是个集大成者,他以儒学思想为主干,兼取佛、道各家观点,并吸收当时的自然科学成果,构建了一个"致广大,极精微,综罗百代"的集大成的学术思想体系(燕国才,2012)。潘菽留美当时,心理学正值门派林立时期,各派之间纷争不断。潘菽却认为心理学不应该有什么"主义"(门派),以前的种种主义都是前科学时期的一种现象,纯粹的科学是没有主义的,将来的心理学应"另铸术语",有独立的领域和方法以及一致的观点。非但如此,他更是大胆地认为,

> 心理学的范围实领带一切科学,因为人类的科学研究也是一种心理的现象……因此心理学非但是心理科学的基本,并且是一切其他科学的基本。所以我们可以称心理学为最基本的科学,其位置最高无上。(《潘菽全集》第一卷,2007:95)

虽然后来潘菽意识到这样的观点有问题,可我们不难看出他早期的"集大成"的思想。在深入进行实验研究后,发现实验研究实现不了统整心理学各门派,使心理学成为一门成熟科学的理想,潘菽转向基本理论研究,并选择

辩证唯物论作为自己的理论基础，他认为，这样的改变才可能突破心理学流派纷呈的困境。

其四，心理活动二分法。朱熹发展了张载的"心统性情"的思想，依据心的动静状态或体用关系，把心一分为二，静态为性，动态为情。关于志、意与情的关系，朱熹认为志和意都"与情相近"，甚至都"属于情"，即意志与情感都属于意向过程（与认知过程相对）。潘菽的心理学思想最为突出的是心理活动的"二分法"，这与朱熹的心理学思想颇为相似。与传统的心理学"知、情、意"的三分法不一样，潘菽认为情和意是属于同一性质的心理活动，将心理活动分为认识活动和意向活动两大类。同时潘菽将心理分为动态与静态，动即为心理过程，静为性格（《潘菽全集》第六卷，2007：5）。从这里可以看出，潘菽的心理二分法明显受到了朱熹思想的影响。

潘菽认为近代传统心理学"意识模糊""人兽不分"和"心生混淆"，受唯心论和形而上学的束缚而导致发育不良（《潘菽全集》第五卷，2007）。然而，潘菽无法通过实验研究解决传统心理学存在的毛病。倘若这些基本问题不解决，心理学的科学性就难以提高，唯有通过对心理学基本理论问题的研究，才能突破研究困境，以此在学问上达到朱熹的高度，在思想上达到朱熹的境界，从而真正完成对英雄的崇拜和模仿，成为"英雄"，实现理想自我。因此，英雄崇拜，立志成为大学问家，是潘菽成为中国心理学理论大家的一个重要心理因素。

四、五四精神

在潘菽一生中，经历过重大、影响至深的事件莫过于青年时期参加五四运动。五四精神贯穿了潘菽整个心理学生涯，对其思想产生了深刻的影响。

　　1917年潘菽中学毕业，在大哥潘梓年的鼓励下报考了北京大学哲学系。1919年，由北大的学生发起了一场影响深远、反帝反封建的伟大爱国运动——五四运动。潘菽亲身参加了这场轰轰烈烈的运动，并且是"火烧赵家楼"事件被捕的32名学生代表之一。潘菽在自传中谈道，

　　　　这场彻底反帝反封建的革命运动促使我考虑一个很严肃的问题，即帝国主义为什么总是欺负我们。……其中一个重要原因就是因为我们的国家太弱太落后了，要想使我们国家强盛起来，必须大力发展教育。(《潘菽全集》第一卷，2007：7)

　　基于"教育救国"的思想，1920年大学毕业后，潘菽考取了公费留学，去美国读教育学。到美国不久，潘菽发现美国的教育不一定符合中国国情，在蔡翘和郭任远的影响下改学心理学。在潘菽看来，"心理学比教育更带有根本的性质，是一门基础科学，因此学教育不如学心理学"(《潘菽全集》第一卷，2007：8)。

　　　　当时的心理学中已有不少派别……众说纷纭，莫衷一是，与其他自然科学的情况颇不一样。这使我感到心理学还很不成熟。……我下定决心，要为心理学成为一门成熟的、名实相符的科学而作出自己的努力。(《潘菽全集》第一卷，2007：8)

　　就这样，潘菽走上心理学之路，并立志为心理学的科学化奋斗终生。

　　从哲学转学教育学，再到改学心理学，如同当时绝大多数的知识分子一样，潘菽的根本目的只有一个，那就是"救国"。毫无疑问，青年时期的潘菽

就已经关注国家的存亡兴败。自此,爱国主义思想根植于潘菽的灵魂之中,他的一生不仅是为心理学贡献的一生,也是为国奉献的一生。潘菽不仅是心理学者,还是社会活动家,无论是在旧社会,还是新中国成立后,始终心怀国家,不懈奋斗。在谈到五四运动时,潘菽说:

> 新的一代青年和中年必须能接上去,把革命前辈和先烈所开创和缔造的复兴祖国、振兴中华的大业继承下来,加以发扬,并一代一代接力下去。这是当前青年以及中年一代无上光荣的历史任务和民族责任。要完成这项历史使命,就要充分继承五四运动一代青年那种壮怀激烈、气盖山河的爱国精神和民族责任感。(《潘菽全集》第十卷,2007:264—265)

潘菽未能在五四运动中走上革命者的道路,但在心理学研究道路上并未舍弃五四精神。对实验研究努力探索之后,发现未能解决中国心理学的发展问题,潘菽苦寻他路。在他个人记忆深处,始终包裹着一个精神内核,那就是"爱国精神"。这也是为什么后来潘菽能够迅速接受马克思主义哲学,并以此为理论基础,开展心理学基本理论问题研究的心理原因。他认为唯有解决心理学基本理论问题,才能提高心理学的科学性,促进我国心理学快速发展。

"中国心理学必须走自己的道路","以辩证唯物论作为方法论,联系中国的实际情况,建立具有中国特色、为社会主义事业服务的理论体系",潘菽提出的这些心理学思想和观点无不体现了五四的爱国主义精神。可见,潘菽青年时期经历的重大事件,不仅会影响其人生观、价值观的形成,还会影响其理论思想的提出。

五、重要他人

重要他人(significant others)是指对个人认知发展、人格形成、行为习惯、生活方式及价值观的形成具有重要影响的人物。重要他人可能是父母、老师、同辈人、历史人物，甚至文学作品中的人物等。潘菽在形成自己的心理学思想过程中，其留学美国的博士生导师卡尔（H. Carr）是不可忽视的一个重要他人。卡尔的人格品质、心理学思想、研究方向对潘菽最终转向理论研究和研究意识问题产生了很大的影响。

1921年春，潘菽抱着"教育救国"的理想踏上了留美征途，先后在印第安纳大学和芝加哥大学获得了心理学的硕士和博士学位。在这期间，潘菽接受了严格的自然科学训练，非常重视实验课程，深受行为主义心理学的影响。在《心理学简札》自序中，潘菽回忆：

> 我从心理学的引论课读起，此外还补读了与心理学有关的几乎所有可以选读的动物学和生理学以及神经学的课。……所读的心理学课程，尤其实验心理学的课，都引起我很大的兴趣。在印第安纳大学所读的实验心理学课使我一直不能忘怀。这门课讲得不多，每次只说明要做的实验，所要注意的一些事情；大部分时间用在自己动手做实验上，阅读参考书，并凭自己的体会和理解去整理、论述所得到的结果，加以讨论，认真写出实验报告。对这样学习感到很扎实，在一年的课程中做的实验很不少，获益最多。这样就使我对心理学的专业思想巩固了下来。

> 我在国外学习的几年正是行为论心理学风行一时的年代。我在国外最初进的是美国加州大学。那时心理学者郭任远正在那里做研究生。他是一个很热心的行为论者。……我进的第二个大学——印第安纳大学教我心理学导论课的康托教授也是接近行为派的，但称自己的心理学为机体论心理学。……在那种风气之下，我也曾一度受到行为心理学的影响。（《潘菽全集》第五卷，2007：8）

潘菽虽受行为主义的影响，硕博期间与回国后早期主要从事实验研究，然而最终没有成为一个行为主义者，潘菽认为自己没有成为一个行为主义者，是受导师卡尔的影响。

> 到最后转到芝加哥大学心理学系读博士学位时，指导我的导师哈维·卡尔教授，虽然最早和华生是在一起工作的同学和同事，却不同意行为论心理学。他特别不同意抛弃意识。他不止一次说："意识像太阳光，是否认不了的。"他在学术上富于批判精神，不随风摇摆。他使我没有成为一个行为论者。（《潘菽全集》第五卷，2007：8）

在《我的心理学历程》中，潘菽也谈道：

> 我跟从的导师是哈维·卡尔教授。他给我的一种影响是不盲从，不随风摇摆，脚踏实地，对问题富于分析批判精神。他在芝加哥大学心理系和华生是同学，并在那里一起工作了一段时间。华生认为机能论心理学还前进不够，接受了当时流行的机械客观论的影响，在心理学上走向偏重行为的观点，终于创建了他的行为论心理学，抛弃了意识。卡尔则继续守着机能心理学的岗位而有所发展。他时常提到意识和太阳光一样是不可否认的。他的这个论断也提醒了我。（《潘菽全集》第一卷，2007：27）

后来潘菽做了大量有关意识问题基本理论的研究，提出了非常深刻的论述。由此可见，潘菽转向理论研究并在意识问题研究上做出重要贡献，导师卡尔扮演了非常重要的角色。

六、战乱岁月

留学归国到 1949 年之前，是潘菽在心理学思想上发生重大转变的时期，也是其转向理论研究的起点。这主要源于两方面的原因。客观上，在艰难困苦的战乱岁月，缺乏心理学实验研究的条件，潘菽被迫转向理论研究。主观上，潘菽政治思想上的改变导致了心理学思想的改变，这是其转向理论研究的重要原因。

1927 年，潘菽留美归国到南京第四中山大学（即中央大学）心理系工作。在中央大学，潘菽本想专心致志钻研心理学，不去理会政治，想做个"两耳不闻窗外事，一心只读圣贤书"的人，但"九一八"事变震醒了他，潘菽认识到"再也难以一心抱着心理学而不关心国家大事"。同时蒋介石政府经济出现问题，学校拖欠工资，研究经费和设备经费无法满足，在这样的社会状况，潘菽感觉到了他那种希望通过实验研究以达到消除心理学派别纷争的想法几乎不可能实现。在风雨飘摇的岁月，潘菽很难以一个纯碎研究者的身份从事学术研究。在《我的心理学历程》中，潘菽谈道：

> 心理学的学派越来越多，还不大像一门科学。我原认为还是要通过实验的方法，好好把心理学的主要问题进行认真完善的实验研究，取得可靠的结果，并感觉各方面有关的科学知识来予以恰当的解释。这样，也许可使持有不同意见的人在科学事实面前得到共同的认识并逐步趋于一致。我回国后的最初几年中仍抱着这样的想法。后来根据我国那时的现实社会情况，逐渐感觉到，我那种想法是几乎完全不能实现的。以后又进一步感觉到，即使我的那种想法有条件能照着做，也未必能得到所期望的效果。（《潘菽全集》第一卷，2007：31）

在自传中潘菽也谈道:

> 在黑暗的旧中国,反动统治者根本不关心科学文化事业,物质条件极差,社会不安定,缺乏一种开展科学工作的气氛和必要的设备条件。(《潘菽全集》第一卷,2007:10)

一方面是社会的条件限制难以进行实验研究工作,另一方面是心理学学派林立,分歧大,这个时期的潘菽对心理学本身的问题陷于彷徨无主的状况,这种彷徨状况,在某种程度上可视作潘菽的一种认同危机。到了1933年,身为共产党人的长兄潘梓年在上海被捕入狱,潘菽在营救过程中开始认识共产党。

> 在此期间,我的长兄潘梓年(此时他已参加了共产党)被捕入狱。在设法营救的过程中我开始接触了党,对党的纲领、性质及艰苦斗争的情况逐步加深了认识,逐步认识到"只有共产党才能救中国"。从此,我认清了应取的方向,摆脱了纯学术的道路,决心跟着共产党,投身于抗日救国的革命洪流。(《潘菽全集》第一卷,2007:17)

又经大哥介绍,读了列宁的《唯物论与经验批判》中译本,受到启发。

> 似懂非懂地领会到书中的许多论点对心理学很有启发意义。我从这里隐隐约约地看到心理学的出路所在……体会到此后的问题是要把自己的心理学工作作较大的方向调整,到马列主义方面找寻心理学的科学出路。(《潘菽全集》第一卷,2007:32)

对共产党的认识和对马列主义的接触,是潘菽在心理学思想上发生转变的起因。

到了1937年，抗日战争全面爆发，民族危机达到了极点，中国到了生死存亡时刻，整个中国陷入了战乱之中，没有人不关心时事形势的变化。这一时期我国科学研究工作几乎停滞。在抗日战争爆发前夕，中央大学全部迁往重庆，潘菽也随之到了重庆。在重庆的八九年里，潘菽积极投入到抗日护国斗争中。在《我的心理学历程》中，他说道：

> 在这八九年紧张生活中，心神自难安定，一天到晚关心的是抗战形势的变化。前半阶段，敌机时常来轰炸，有时夜里也来，使人日夜难安，自然很难谈到研究工作。(《潘菽全集》第一卷，2007：32)

在动荡不安的社会形势下，潘菽更加不可能像在学校里那样从事心理学实验研究。潘菽虽然坚守心理学阵地，但也只能将旧的知识重复着教，与一些同志创办"自然科学座谈会"，但是更多谈论的是抗战情况与政治情况，再到后来参与创办"民主与科学座谈会"（九三学社前身），依然是个政治团体。八年的抗日战争，不仅导致潘菽在政治思想上进一步的转变，也促使其在学术观点上发生转变。

> 经过了抗战的洗礼，自以为变成了一个学术与政治统一论者了。我此时主张不能为科学而科学，也不能为心理学而心理学。不过，学术对政治仍有一定的独立性，否则就难于得到很好的发展。……就我的心理学而论，在八年抗战这个阶段里虽然说不上有所长进，但我的学术观点开始有了转变，对马列主义理论有了最初步的认识。这对我的心理学研究是有相当重要意义的。(《潘菽全集》第一卷，2007：36)

通过自学，对马列主义基本原理有了初步的、最基本的了解，并在辩证唯物论指导下，对心理学中长期争论的问题进行了初步的思考、研究，以求为心理学的发展探索一条新的道路。(《潘菽全集》第十卷，2007：262)

这也是新中国成立后潘菽迫切想去了解和学习苏联心理学的重要原因。

七、学习苏联

在抗战时期，基于对马列主义思想的初步认识，潘菽试图扭转我国心理学发展的方向，但在当时的社会环境下，要开拓辩证唯物论心理学的研究是非常困难的。新中国成立后，党和国家为科教事业的发展提供了必要的物质条件，马列主义、毛泽东思想成为国家一切工作的指导思想，也为科教事业的发展奠定了坚实可靠的理论基础。这个时期，中国心理学进入了一个全新发展的阶段。1949年到1957年是我国心理学全面学习苏联心理学的时期，苏联心理学以马列主义的辩证唯物论为理论指导，当时，全国心理学工作者形成了学习辩证唯物论哲学、巴甫洛夫学说以及苏联心理学的热潮，认为学习苏联心理学就可以建立起唯物主义的心理学，提出了在马列主义思想指导之下，巴甫洛夫学说基础之上改造我国心理学的口号（赵莉如，1996）。

1949年4月南京解放后，潘菽受命参与接管中央大学。9月，潘菽作为中国科学家代表团成员之一去苏联参加巴甫洛夫100周年诞辰纪念活动。这一时期的潘菽主要学习苏联心理学，寻找马列主义与心理学的结合方法。

苏联心理学是以马列主义的辩证唯物论为理论指导的，从苏联心理学中应该可以知道怎样把马列主义和心理学结合起来。所以我自己也积极努力取法于苏联心理学。要学习苏联心理学，必须适当掌握俄文并懂得巴甫洛夫学说。所以我又花了不少功夫学了俄文和巴甫洛夫的条件反射理论。……那时，我一心要比较全面深入地了解苏联的心理学，不再想别的，以期从其中能得到对我心目中的心理学问题的解决有所帮助的东西。所以我在那时可以说是向苏联心理学一边倒了。(《潘菽全集》第一卷，2007：38)

对全面学习苏联心理学，潘菽在后来的回忆中，虽然谈到有些地方似乎过了头，包括涉及心理学的院系调整完全要照苏联的办，但通过学习苏联心理学，潘菽进一步树立和明确了辩证唯物论在我国心理学研究中的理论指导作用，解决了自留学回国以来对心理学本身问题思考的彷徨之苦，从理论和指导原则上找到了我国心理学发展和心理学科学化的正确之路，也解决了他中年的认同危机，内心中进一步激起了要成为大学问家的英雄情结。

八、多事之秋

1958年8月，北京师范大学发起了一场所谓"对资产阶级学术思想的批判运动"。批判的重点之一就是心理学。后来全国许多大城市也跟着开展批判，混淆了政治问题与学术问题的界限，对心理学的某些研究扣上"抽象化""生物学化"的帽子，把一些心理学界老知识分子当"白旗"来批判。这种局面直到1960年才得以扭转。对于潘菽而言，这无疑又成了其心理学研究道路上的一个阻碍。

潘菽是受过五四运动洗礼的人，发扬民族精神、振兴中华的使命感已然铭刻于他骨子里。60年代前后，潘菽对于新中国成立后过于依赖苏联心理学导致的弊端也有思考和认识，经过一番对外国心理学的学习和批判之后，他决定自力更生以自强。正如他所言："我们都是大有作为的。我们也都是有能耐的。为什么我们要做嗷嗷待哺的小孩呢？"（《潘菽全集》第一卷，2007：42）。当他准备要走出一条属于中国心理学的自强之路时。1963年春，潘菽患了急性心肌梗症，几濒于危，住了一年多的医院。出院后，潘菽把在医院中思考的结果分条记录下来，并继续思考，继续记录，写下了两百多条札记。

"文化大革命"开始后，心理学工作被全盘否定，然而，潘菽的精神没有被打倒，他完成了被喻为心理学"百科全书"的《心理学简札》书稿（陈沛霖，1984）。《心理学简札》采用札记的形式记录了潘菽对心理学基础理论和心理学史有关问题的理性思考，在唯物辩证论的指导下全面梳理了中外心理学理论、学说、流派，勾勒了我国古代心理学思想和新的研究成果，并着重阐述了创建具有中国特色的心理学体系的基本构想。《心理学简札》通盘设想了我国心理学所应该走的道路和可以达到的目标，并勾画了这种发展的蓝图，因而对我国心理学的未来具有极为深远的指导意义，所以被人称作是我国心理科学的战略学研究（马文驹，1985）。它不仅是潘菽一生心理学理论探索成果的总结，也是我国理论心理学现代和当代的理论探索成果的总结（车文博、葛鲁嘉，1986）。

潘菽在确立了心理学研究的辩证唯物论指导原则后，对中国心理学的未来和基本理论问题的思考取得了突破性进展。潘菽在困境中凭借顽强的生命力走出一条中国心理学的自强自立之路，构建了具有中国特色的辩证唯物论心理学理论体系。这个时期，潘菽的心理学理论思想基本形成。

九、奋力播扬

十年动乱后，我国心理学重获新生，研究工作和教育工作逐步得到恢复和发展。此时，潘菽已近八十高龄。为了尽快恢复和发展中国心理学，1977年潘菽即组织了全国心理学科规划座谈会，并不顾体弱多病，重新挑起了心理研究所所长和中国心理学会理事长这两副重担，同时还担任《心理学报》主编（1979—1984）。他一方面不辞辛苦地做了大量组织领导工作，同时身先士卒，带头从事研究和著述，大力播扬。在他生命的最后十余年中，共发表论文二十多篇，出版著作5种；先后培养了多名硕士研究生和博士研究生；主持《关于意识的心理学研究》工作，还担任着《中国大百科全书心理学卷》编委会主任。正当潘菽辛勤耕耘不断取得成果时，1988年患脑溢血病故，从而结束了他艰难而曲折的心理学历程，时年91岁。在《我的心理学历程》中，潘菽曾说道：

> 我的心理学历程所能走的道路，并不是现成的康庄大道，而仿佛是山间之蹊径，颇为崎岖曲折，有时还要披荆斩棘……。（《潘菽全集》第一卷，2007：24）

挚友金善宝怀念潘菽时谈道：

> 为了祖国的心理学科学事业，潘老不顾自己体弱多病的身体，经常带着氧气袋到各地去参加学术会议，几年来他撰写、主编了许多心理学方面

的重要著作，并亲自主持有关心理学基本理论的研究。(《潘菽全集》第十卷，2007：543)

学生刘范在悼念文中谈道：

> 直到90岁高龄，他仍旧辛勤工作，经常至夜半两三点不息。……在逝世前不久，他的大女儿曾力劝他注意身体，他在一张纸条上写了如下几句话："我专心一志，时间不够用。对自己生活也很马虎，照顾不够是真实，实无办法"寥寥数语，他为心理学事业鞠躬尽瘁的精神，跃然纸上，感人心脾。(《潘菽全集》第十卷，2007：529)

在生命最后的时光，潘菽仍然坚持心理学基本理论研究，并大力推动我国心理学理论研究工作，最终形成具有中国特色的辩证唯物论心理学的理论体系，成为了我国现当代极具影响力的理论心理学家，实现了要成为大学问家的理想。

十、小结

综合潘菽生命故事的分析，潘菽成为一代杰出的中国心理学理论家的轨迹是：(1)"耕读传家"的家庭环境熏陶与早期教育，为其之后研究我国古代心理学思想奠定了深厚的传统文化根基；(2) 对朱熹的崇拜树立了"成为大学问家"的人生目标，在追随英雄的过程中，实现了其自身价值，成为心理学理论研究的大家；(3) 五四运动是潘菽青年时代的一个不可磨灭的印记，五四精神决定了潘菽一生的价值取向：为我国心理学事业鞠躬尽瘁，死而后已；(4) 在留学生涯中受导师卡尔的影响，始终不放弃对意识的研究；(5) 激烈变化的时代和社会环境是潘菽走上理论研究的客观因素，所处时代的主流价值观对潘菽政治思想的影响，导致在心理学思想上的转变，是其成为辩证唯物论心理学家的主观因素。

参考文献

Schultz, W. T. 主编（2011）. 心理传记学手册（郑剑虹等译）. 广州：暨南大学出版社.

郑剑虹，黄希庭（2013）. 国际心理传记学研究述评. 心理科学（6），1491—1497.

中国科学院心理研究所，中国心理学会编（2007）. 潘菽全集（第一卷）. 北京：人民教育出版社.

谷传华，陈会昌，许晶晶（2003）. 中国近现代社会创造性人物早期的家庭环境与父母教养方式. 心理发展与教育，19（4），17—22.

林秉贤（1983）. 论早期教育. 青年研究（2），30—36.

郑剑虹（2006）. 中国现当代成就人物人格特征的传记分析研究. 岭南师范学院学报，27（5），110—116.

潘宁堡，陈绍英（2008）. 回忆父亲潘菽二三事. 中国统一战线（2），56—57.

何其二（2011）. 英雄崇拜与理想人格塑造. 桂海论丛，27（2），46—48.

叶浩生（2004）. 西方心理学理论与流派. 广州：广东高等教育出版社.

中国科学院心理研究所，中国心理学会编（2007）. 潘菽全集（第十卷）. 北京：人民教育出版社.

车文博，叶浩生（2009）. 中外心理学比较思想史（第三卷）. 上海：上海教育出版社.

燕国材（2012）. 中国心理学史. 北京：开明出版社.

中国科学院心理研究所，中国心理学会编（2007）. 潘菽全集（第六卷）. 北京：人民教育出版社.

中国科学院心理研究所，中国心理学会编（2007）. 潘菽全集（第五卷）. 北京：人民教育出版社.

赵莉如（1996）. 心理学在中国的发展及其现状（上）. 心理学动态，4（1），24—29.

陈沛霖（1984）. 立足批判 锐意探新——读潘菽教授《心理学简札》. 心理学探新（4），1—8.

马文驹 (1985). 开展心理科学的战略学研究——读潘菽教授著《心理学简札》体会之一. 心理学探新 (2), 11—14.

车文博, 葛鲁嘉 (1986). 历史的总结 革新的构想——评潘菽教授的《心理学简札》. 心理学探新 (2), 1—6.

How Pan Shu Turned into a Theorist: A Psychobiographical Study

Bao Sheng-fei[1] Zheng Jian-hong[2,3]

([1]Department of Psychology, Yunnan Normal University, Kunming, 650500)

([2]Department of Psychology & Institute of Psychobiography and Life Narrative, Lingnan Normal University, Zhanjiang, 524048)

([3]Key Laboratory of Psychological Assessment and Rehabilitation for Exceptional Children in Guangdong Province, Zhanjiang, 524048)

／Abstract／

Pan Shu is the initiator and founder of theoretical psychology in China, and has made great contributions to the development of Chinese psychology. Pan Shu was trained in natural sciences in his early years, and engaged in experimental research of psychology. He hoped to eliminate the factional disputes in psychology through experimental research. How did he turn to theoretical psychology? How does his theory relate to his life story? This study uses the method of psychobiography to reveal the underlying reasons for Pan Shu to shift to theoretical psychology through the analysis of his life story. The study found that early education and family environment established a good traditional cultural foundation for

Pan Shu's research on ancient Chinese psychological thoughts; the heroic worship to Zhu Xi in adolescence, and the patriotic spirit of experiencing the baptism of the May 4th Movement were the internal psychological motivation for Pan Shu to develop Psychology with Chinese Characteristics and to pursue to become a great scholar; the influence of important others and the times and social environment was the external objective reason that made him turn to theoretical psychology research and to become a famous theoretical psychologist.

╱ **Keywords** ╱

Pan Shu, Psychologist, Psychobiography

闻一多人格发展的心理传记学研究

沈 楠[1]　尹可丽[2,*]

([1]云南大学马克思主义学院)

([2]云南师范大学教育科学与管理学院)

/ 摘 要 /

人格发展主要探讨随时间流逝和情景更迭，人格是否会改变。究竟是"变"还是"不变"？学者观点不一，争论悬而未决。本文遂以闻一多毕生的人格发展为例，来探究此问题。结果发现，虽然有少量人格特征一以贯之，如认真、专注、果断、积极、热情、快乐，但这些看似"稳定"的特征也有不同程度的变异；其更多人格随世事改变，如童年时期的好学老成、清华求学时的独立多才、留学美国期间的孤独反抗、回国七年里的矛盾彷徨、清华任教时的安逸谦虚以及抗战南迁后的慷慨自觉。闻一多的"人格"会随时间而变异，"不变"成分很少，即使这看似"不变"或"相似"的特征，在其一生中也有相当的"变异"。

---

* 通讯作者：尹可丽，教授，博士，E-mail: yayasles@163.com

/ 关键词 /

关键词：人格发展、心理传记学、闻一多、稳定与变化

一、"变"还是"不变"？

人格发展，是指探讨人格随时间的流逝和情景的改变是否以及如何发生变化，其核心是"稳定与变化"（stability and change）（郭永玉、贺金波，2011）。人格究竟是"稳定的"还是"变化的"？学者们各持观点。

（一）人格是稳定的

人格的稳定是指个体的人格特质随时间变化而保持稳定的趋势（陈少华、郑雪，2000）。郭永玉与贺金波（2011）认为，人格稳定性可以分为两个大类：同型稳定性（homotypic stability）与异型稳定性（heterotypic stability）。前者是指完全相同的思想、感觉和行为跨时间的稳定性，后者则是某一特质在不同时间的行为表现是否符合某种理论的表述。罗伯茨、伍德与卡斯皮（Roberts, Wood & Caspi, 2008）进一步区分出五种同型稳定性：结构稳定性、等级次序稳定性、平均水平稳定性、自比稳定性和个体差异稳定性。

例如，目前学界普遍认为：人格由五个维度构成，"大五"在个体内部有较高的一致性，在群体间也相对稳定（Larsen & Buss, 2005/2011）。有学者发现，参加体育锻炼更多的个体，有更高的等级次序稳定性，即便时光流逝，其人格轮廓仍保持一致（Stephan, Sutin, & Terracciano, 2014）。泰拉恰诺、麦克

雷与科斯塔（Terracciano，McCrae & Costa，2010）的研究发现，个体内部的稳定性增加到30岁，随后出现高原状态，这支持了人格稳定的高原期出现在成年早期的观点；无论是人口统计学变数（如性别、民族、教育等）还是基于大五人格的维度，都显示出特质稳定性的变化。也有研究显示，从17—84岁的所有年龄组的差异稳定性都较强，其中在成年早期差异稳定性会增加，之后出现高峰（Lucas & Donnellan，2011），老年期人格的个人差异保持稳定（Mõttus，Johnson，& Deary，2012），暮年时有所下降（Lucas & Donnellan，2011）。

（二）人格是变化的

人格的变化是指个体"内在"、相对持久的改变（Larsen & Buss，2005/2011）。根据大五维度具体发展的平均水平数据，人格的变化似乎可以发生在各个年龄阶段。譬如，宜人性毕生都在增加（Lucas & Donnellan，2011；Roberts & Mroczek，2008）。尽责性也会随时间增加，尤其在成年早期（Roberts，Walton，& Viechtbauer，2006），之后在成年晚期略有降低（Lucas & Donnellan，2011）。情感稳定随年龄而不断增加，神经质相对平稳，仅在中年时有轻微地增加，在成年晚期有轻微地减少（Lucas & Donnellan，2011）。在两性对比中，男性的积极情感（Positive Emotionality）会高于女性（Blonigen，Carlson，Hicks，Krueger，& Iacono，2008）。外倾性中的社会优势（即在社会环境中所反映出的主导、独立、自信）会增加，尤其在成年早期，社会活力（即表现出更喜欢社交、积极互动与合群）在青春期时增加，老年期降低（Roberts et al.，2006）。经验开放性毕生都在减少（Lucas & Donnellan，2011）。

总体的趋势是，人的一生，人格特征始终随着时间推移有平均水平的变化（Roberts et al.，2006）。这些变化在成年早期（20—40岁）占主导地位

(Roberts & Mroczek，2008)；平均水平的人格特征变化发生在中年和老年，在较为年轻的成年晚期群组（69—72岁）中，几乎没有平均水平的变化，但在较年长的成年晚期群组（81—87岁）中，出现平均水平的变化加速（Mõttus et al.，2012）。

由此可见，学界对人格变化与否的存疑悬而未决。于是，我们拟通过研究闻一多的人格发展历程，尝试得出相应回答。

二、为何选择闻一多？

1938年，北京大学、清华大学、南开大学三所学校为了在抗日战争的硝烟中保存中华教育之血脉，遂南迁至云南昆明，组建国立西南联合大学，大师云集、名家荟萃，闻一多便是其中之一。诗人学者闻一多在枪林炮雨中呼唤着民族复兴之希望，展现着中国传统知识分子的爱国情怀和追求真善美的人格。1946年，三校复原北返，西南联大的师范学院整建制留昆，发展成为如今的云南师范大学。八十年来，联大精神一脉相承，斯人已逝，风骨犹存。

作为云南师范大学的师生，我们在民主草坪、红烛广场上凝视闻先生的目光，感受不竭的精神动力和"士不可以不弘毅，任重而道远"的嘱托。这，仿佛是隔空对我们发出的邀请，邀请我们走进他的人格世界。

更为重要的，在世人眼里，闻一多是现代中国知识分子的标杆，其勇敢无畏、视死如归的爱国和斗争形象深入人心、家喻户晓。然而，当我们阅读不同的人所写作的闻一多传记，却发现，事实上闻一多的人格颇为复杂，并且变化颇为明显：从锋芒毕露、激情满怀，到温文尔雅、与世无争，直至坚定勇敢、拍案反抗。那么，他的人格是否真有如此大的反差呢？本研究尝试探寻之。

三、闻一多的人格

历史长河中的 47 年不过是刹那,但对于闻一多来说,却是他整个生命的长度。短暂的生命饱经社会动荡、世事沧桑,他的人格在时光荏苒中形成并发展。

(一) 研究方法

个体在所有生命阶段都会经历特定的生活经验,故具有各自独特的发展模式 (Roberts & Mroczek, 2008)。而心理传记学恰能有效聚焦个别人物的特殊心理学规律,本文将采用心理传记学的研究方法。心理传记学的研究方法关注时间序列和叙事取向 (郑剑虹,2014),不少研究通过人格形容词及其频数来整体呈现传主的人格并加以剖析。为解决人格变化与否的问题,本文将在已有人格形容词研究的基础上,开展新的尝试:将传主的一生划分为不同的生命阶段,考察不同时段内传主的人格形容词情况(具体词语及其频数),据此探究传主人格的发展。如果某些形容词在各个阶段都出现,我们认为该词所描述的人格特征是相对稳定的;如果某些形容词只出现于某一阶段或在某些阶段消失,我们则认为该词所描述的人格特征是变化的。

具体研究步骤如下:

第一,选择传主闻一多。按照一定的排除和纳入标准,选取研究文献。共收集到 140 位作者(包括 11 位亲人、16 位朋友、47 名学生、13 位革命同志、10 位同事和 43 名研究者)所写的回忆闻一多的文章 158 篇、闻一多传记 20 本。

第二,整合已有研究对其生命阶段的划分,考虑史实中闻一多的自述,将其一生分为六个阶段。

第三，阅读文献，抽取出描写闻一多人格的形容词，分时段进行频数统计。统计方法为一位笔者逐字逐句地阅读文献，凡是读到描写闻一多人格的形容词就进行频数统计。人格形容词的选择主要有两个选择标准，分别是郑剑虹（1997）"248个人格形容词检测表"（以下简称"248个形容词表"）和黄希庭与张蜀林（1992）"562个人格特质形容词表"（以下简称"562个形容词表"）。

文献中出现某个人格形容词时，执行如下步骤：

1. 与"248个形容词表"对照。如果词表中有这个形容词，则进入统计环节；如果词表中没有，则进入第二步。

2. 与"562个形容词表"对照。如果词表中有这个形容词，则进入统计环节；如果词表中还是没有，则进入第三步。

3. 查阅这个词在商务印书馆《现代汉语词典》（第6版）（中国社会科学院语言研究所词典编辑室，2012）中的释义，结合原文，确定其最贴切的释义，得出本研究的同近义词归类表，对照"562个形容词表"。如果词表中有与之词义相同或相近的词语，则进入统计环节；如果没有同近义词，则进入第四步。

4. 先单独记录这个词语。统计初步完成后，分析整合单独列出的词语，补充进前两个词表，得出共包含575个形容词的词表——在562个形容词表的基础上新增248个形容词表中与之不同的4个词（高洁的、调侃的、调皮的、自卑的）再加上新补充进词表的9个词（爱民的、悲痛的、愤怒的、敏锐的、耐心的、痛苦的、正直的、专注的、自豪的）。

5. 将之前单独列出的词语与575个形容词表对照，形成包含290个词语的"闻一多人格形容词表"，进入统计环节。

笔者仔细阅读每位作者的文献，把时间明确的人格形容词归入相应时段，在该时段内，无论某文献的某形容词出现几次，都只计一次。

第四，考察评分者信度。将全部文献分为两类并随机编号（回忆文章1—158和传记1—20）。设置10%的抽取比例，运用SPSS 20.0生成两组随机数作为编号，抽出该编号对应的16篇回忆文章和2本传记。邀请无心理学研究或学习经验背景的男、女评分者各一名，阅读随机选出的文献，独立勾划出描写闻一多人格的形容词。将两名评分者的阅读结果与研究者的阅读结果对照，分别得到每一份文献的肯德尔和谐系数在0.3到0.8之间。

第五，依据亚历山大（Alexander，1990）和舒尔茨（Schultz，2005/2011）的选择指标及关键事件法提取心理学发现，总结出人格发展是否变化的结论。

概言之，在方法上，本文虽采用了大量的传记数据，并对其进行归纳，但传记资料在性质上仍是"文本"资料。因此，本文的分析近似于"内容分析"或"文本分析"，而非实证主义在求取"客观真实"。

（二）分段统计

根据闻一多的生平及研究者对其生命关键期的理解，学者们将他的一生划分为不同阶段，如两段（王锦厚，1986）、三段（肖兰英，1998）、七段（陈明华，1988）、十段（闻立雕，2009）或十一段（闻黎明，2016）。本文整合上述观点及闻一多的自述，拟将其生平分为六段。前三个分段参考陈明华（1988）与闻黎明（2016）的前三个阶段（童年时期/家世与童年；清华园内/活跃在清华园；在美国留学的日子/留学美国）；第四分段，基于闻一多留学回国后的遭遇——颠沛流离，先后在七个单位供职，自述"回国七年很痛苦"；第五、六个分段，参考闻立雕（2009）的分段"重返清华园"和"生命从抗战开始"。最后确定将闻一多的生平分段如下：

1. 童年时期（1899/11—1912/7，出生到13岁，考取清华学校前）；

2. 清华求学（1912/8—1922/7，13到23岁，在清华学校就读中等科和高等科）；

3. 留学美国（1922/8—1925/5，23到26岁，留学美国）；

4. 回国七年（1925/6—1932/7，26到33岁，先后在五所学校任职）；

5. 清华任教（1932/8—1937/6，33到38岁，潜心治学、走"向内发展的路"）；

6. 抗战南迁（1937/7—1946/7，38到47岁，抗战爆发时随学校南迁至昆明，西南联大任教）。

人格形容词分时段汇总后，六个时段出现的形容词数量分别为55、153、154、145、90、227，这些词语的频数从1—58次不等。在繁多的数据中，如何选出具有典型性、代表性的词语呢？根据亚历山大（Alexander，1990）的"频率（重复）指针"提示，反复出现的情节具有心理凸显性。我们认为某形容词在某时段内出现的次数越多（即频数越大）说明该词越具有代表性。因此，我们将各个时段内的词语依照频数从高到低排列。再结合量化研究进行高低分组时选取前后27%数据的方法，我们创新地将各个时段排序前27%的人格形容词视为获得高分的词语（即得到论及该时段闻一多人格的大多数作者认可），把这些形容词视为闻一多在该时段内突出的人格特征。

（三）结果呈现

由于多个词语的频数相同，所以理论上位列前27%的词数与实际所取的词数略有不同，呈现于图1。童年时期，他是勤勉好学、刻苦认真、好奇专注的聪明儿童；常常恬静文雅、略显拘谨老成；平日里积极热情、愉快振奋；他遇事果断，为祖国的传统文化而自豪。之后，活跃在清华园里的他，勤勉刻

闻一多人格发展的心理传记学研究

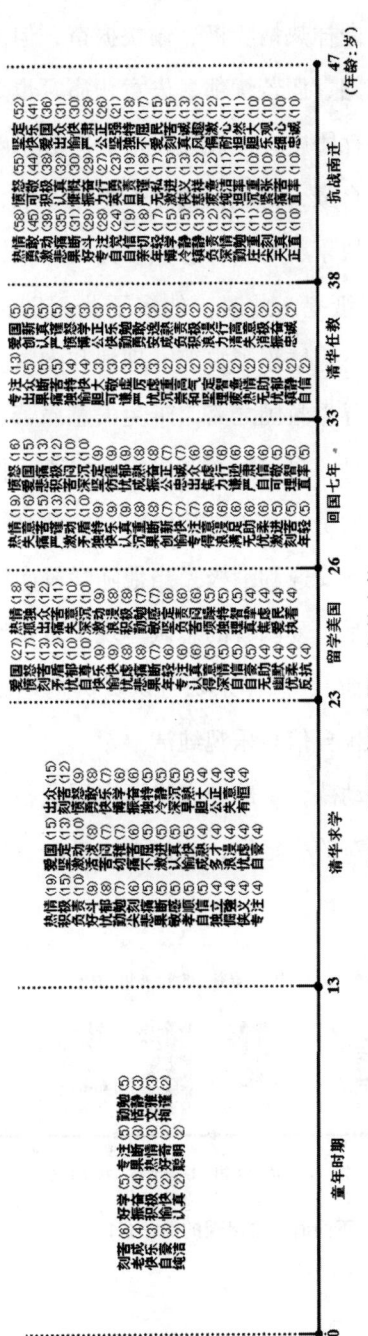

图1 不同时段内闻一多的人格

资料来源：本研究整理
注：括号内为频数

苦、博学多才、专注认真；同样热情积极、愉快振奋，但国家的内忧外患令这位爱国且敏感的少年忧虑苦闷、痛苦忧郁、失意悲痛，也令他愤怒激动、好斗激进、倔强尖刻。在校内各社团中，他成熟自信、冷静果断、负责有恒、公正侠义。他独特且出众，颇为自豪，他胆大独立，也很孝顺，幼稚也浪漫。留学时，他保持着勤勉、热情、快乐、自信与悲愤，身处异域饱受歧视，时时忧心家国、爱国爱民之情常跃然纸上。此时，他多了些无助、焦虑烦躁、矛盾优柔、坚定执着与反抗，重压下也增添了自尊、理智和幽默。提前回国的爱国青年，严谨刻苦、专注认真地寻觅救国之路，难免失意痛苦、忧郁苦闷、焦虑无助、矛盾彷徨，也有愉快满足、自信振奋和坚定。终于，他受聘于母校，虽心忧国事而愤怒痛苦，但更多的是专注于古籍研究时的认真严谨、谦虚勤勉、博学创新，还有些学者的清高、安逸和消极。当他随学校南迁时，更多地了解祖国的现状和民众的疾苦，于是，爱国者的忠诚体现于自觉专注地学习、坚定勇敢地斗争（甚至有些尖刻偏激）、慈祥亲切且认真负责地教书育人之中。虽时常愤怒悲痛，但仍保持着快乐自信与乐观纯洁。

虽历经岁月荏苒、时代动荡，一部分人格形容词在各个时段仍然出现，在此意义上，这些人格具有相对的稳定性，如认真、专注、果断、积极、热情和快乐，见图2。

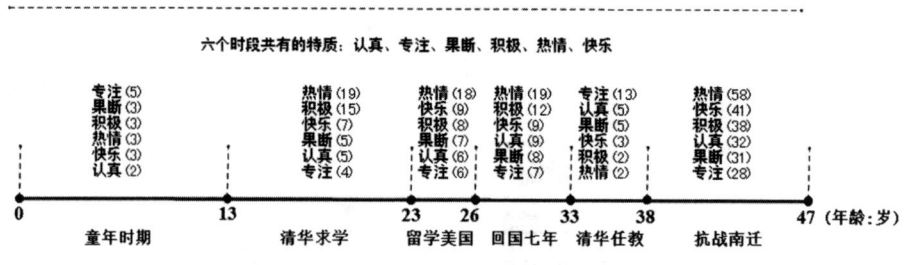

图2 不同时段均出现的闻一多的人格

数据来源：本研究整理
注：括号内为频数

与此同时，闻一多的另一部分人格在某时段凸显或消失。童年时期，他聪明好学、对事物充满好奇，恬静文雅、拘谨老成。清华求学时，他早熟独立、活泼多才，孝顺有恒，偶尔不免幼稚。留学期间，他才华出众、自尊执着、真挚幽默，由于身处异域，倍感孤独的他常常烦躁、优柔、反抗。回国后，他陷入矛盾彷徨之中，更加成熟、谦逊和满足。辗转进入清华大学任教，他待人谦虚和气，对待学生十分严厉，生活安逸，略显清高，对世事比较消极。抗战南迁后，他变得慷慨英勇、无私坚强，自觉地学习理论，反思并自责之前不当的言行，亲切真诚、慈祥风趣、坦率耐心地对待他人，自己也愈发年轻坦然、庄重正直、天真乐观，当然，身处严峻的革命形势下，他也免不了偏激紧张。这些在不同时段凸现出的人格特征说明闻一多的部分人格随世事变迁而改变，呈现出独特的样态（见图3）。

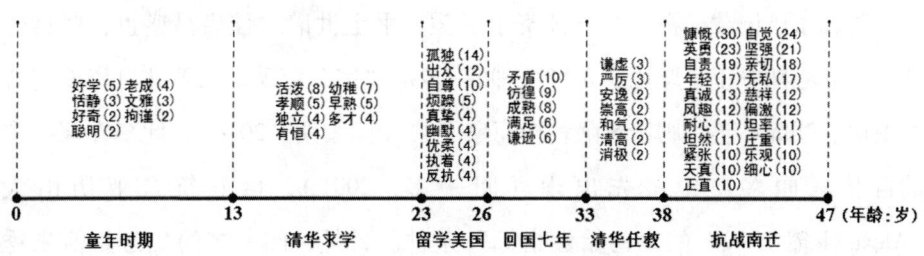

图 3 不同时段内闻一多的独特人格

数据来源：本研究整理
注：括号内为频数

四、闻一多的人格发展

基于上述结果，我们将分别关注闻一多在各个时段里的人格，试图描绘其人格发展的脉络，探究人格是否可变。

（一）好学的老成儿童

小时候的闻一多是专注、果断、积极、热情、快乐和认真的。

他自小读书，认真专注（刘烜，1986），一次有蜈蚣爬到脚上，他毫无察觉，家人把蜈蚣弄走，他还嫌别人吵了自己读书（陈明华，1988）。1911年10月10日，武昌起义爆发，他受到革命热情的鼓励，果断地剪掉了自己的辫子（徐有富，1999）。他总爱在晴好的傍晚，带着弟弟家驷爬到西边的土山顶上，看炊烟袅袅、扁舟行过，直到母亲喊他们吃饭，兄弟俩才快快乐乐地回到温暖的大屋子去（刘志权，1999）。

同时，他也是好学、老成、恬静、文雅、拘谨、好奇和聪明的。

闻氏家谱记载，祖上对子孙寄予厚望，手定世谱"佳启昌盛世，贤良佐邦家，立心期中正，厚德焕光华"，闻一多是"家"字辈。祖辈花巨资专门置办书房、开辟私塾，聘请名师教授闻家子弟（闻黎明，2016），此事在闻一多的自传《闻多》中最先出现（闻一多，2001），恰好符合亚历山大（Alexander，1990）的"初始性指标"条件。另外，闻一多的父亲是清末秀才，忠厚开朗、认真好学，赞同变法维新。于是，祖传的学风与闻父的言行熏陶着闻一多，他从小勤学爱问、好学不辍（郭道晖、孙敦恒，1980；黄海源，2012）。

当时的闻一多"尚幼，好弄，与诸兄竞诵，恒绌"。"恒绌"的挫折、技不如人的沮丧，很可能促使幼年闻一多不服输且加倍努力。每天回家，闻一多跟随父亲阅读《汉书》，他"数旁引日课中古事之相类者以为比，父大悦"。自己的学习进步能令父亲喜不自禁，这是世儒之家子弟的孝顺之举。此后，作为褒奖，父亲每天晚上都给他讲解《汉书》中的名人言行（闻一多，2001）。日常的亲子互动强化着闻一多专注于课业、刻苦读书的动机与行为。根据马斯洛（Maslow，1954/2012）的需要层次理论，个体有获得归属与爱的需要和自尊的需要。正因为勤勉、刻苦、认真、专注等与好学相关的特质有助于闻一多获得重要他人的爱与尊重，于是这些特质被激发出来。当然，传统的家庭教育还是把闻一多规范成喜欢安静、酷爱书本、勤勉拘谨的老成少年（臧克家，1980）。科举考试取消五年后，闻一多考入位于武昌的高等小学。次年，闻一多目睹辛亥革命爆发，他好奇地看着周围的一切（李娇、郭雅静、王婷婷，2011）。尽管年幼的他并不了解革命实质，但激昂的革命场景还是在他心里留下了深深的烙印。

这个时段，闻一多在家学滋养中成长，祖辈父辈的言行是塑造其人格的主力。他与长辈建立了良好的客体关系，在彼此的互动中了解着自己和他人，渐渐将自己视为独立的实体。诚然，无论是外在形式还是内心深处，幼小的个体尚无需要、亦无能力从大家族中独立出去，他依恋于家庭所赋予的养育和庇护。就这样，平稳且顺利地，他的人格向着长辈们既定的目标稳步前行。然而，此刻出现了一个转捩点（本阶段最后两年），亲历辛亥革命对他产生了极大的震撼，此事成为他生命中的关键事件，他激动地剪辫子、返乡画故事、讲见闻，用孩子的方式表达兴奋，与之前拘谨、恬静的他判若两人。别人的反馈（包括家人的担心、乡亲的钦佩）对他也是强化，他品味着激进革命带来的新鲜感和刺激感，更加认同革命这样的社会事件。不仅如此，直到成为清华学校的学生，他还乐意绘制海报、提笔成文，足见此事影响之深远。

（二）独立多才的清华学子

进入清华园的闻一多是热情、积极、快乐、果断、认真和专注的。

当时，他积极参与各种课外活动（李娇等，2011），热情地希望做一些改良社会的事情（方仁念，1985）。五四运动期间，他实实在在地用言行吐露着自己压抑已久的心声，这使他由衷地感到高兴（刘志权，1999）。1919年5月4日，北京城内爆发学生爱国运动，当夜，他奋笔疾书岳飞的《满江红》贴在校园内，表达急切的爱国热情，在清华园里激起波澜（季镇淮，1980）；17日，他怀着"国家兴亡，匹夫有责"的责任感，毅然行进在爱国示威的游行队伍中（方仁念，1985）。平常，他总是认真地聆听清华学校的老师讲课（黄海源，2012），对于各社团的工作同样认真负责（季镇淮，1980）。

同时，他也是活泼、幼稚、孝顺、早熟、独立、多才和有恒的。

清华求学的十年里（中、高等科各四年，留级一年，推迟留学一年），闻一多不仅给自己改名、撰写了生平第一篇自传，还承担过诸多学生工作，涉及文学、艺术、戏剧、演讲等。例如，担任《课余一览》《清华年报》《学报》《民钟报》《清华周刊》的编辑；参加图画校外写生团、特别图画班、"游艺社"，发起成立美术社、"美司斯"艺术团体；参演多幕戏剧，参与新剧社事务；担任级会演说部长、参与发起"清华演讲记录团"；参与创办贫民小学、校工夜校，为附近的村民们设立图书室、筹款为货郎提供免息借贷等。一开始他主要是参与活动，后来就积极创办社团、组织活动，视角也逐渐从身边拓展到校外。在各种活动中，他的人格逐渐独立、自我进一步发展。

清华学校是留美预备学校，意味着一切课程设置都要服从于留学。一方面，闻一多能较早地接触西方文明，逐渐获得多学科的知识和思维方式（闻黎明，2016）；另一方面，清华不重视中国传统历史文化教育，使得中文出类拔萃的闻一多因英语不达标只能降级（当年降级或离校者约为全级四分之一）（闻黎明、侯菊坤，2014）。也许是自己学习困难的经历，或许是同学中大面积留级或肄业的现状，抑或是自卑所带来的超越，这促使他在降级后首先关注后进同学的全面发展。他与老乡发起了课余补习会，提供中西书报阅览、开设演讲平台、补习中西文和科学（闻黎明、侯菊坤，2014）。

这一时段，舒适宽松的校园环境提供着生存所需和安全保障，同时激发闻一多产生了更高层次的需要,包括爱与归属、尊重和自我实现。他活跃于不同的场域,展现着自己的才华,赢得同学老师的赞许。此外,受到五四洗礼的闻一多思想开始解放,一心要为自己的婚姻大事做主的他却遭受了重创。舒尔茨(Schultz,2005/2011)认为,"主要来自家庭内部"的"家庭冲突"以及"清晰、具体的情感强度"所带来的"高度聚焦、深刻的情感体验"均为辨认"原型情景"的关键指标。逼婚事件带来了巨大的心理冲击和震撼,成为闻一多生命中不可忽略的原型情景。1921年年底,出国留学前夕,他收到许多父母催婚的急信(闻黎明,2016)。他一贯是孝子,对父母的孝敬和对自由婚姻的向往纠缠着,严重地困扰着他(闻立鹏、张同霞,1999)。清华学子可以意气风发、说一不二,能够按自己的想法坚持到底,然而却无力挣脱大家族的陈习。最后,闻一多和家族都做出了让步:他同意返乡完婚,家里同意他的条件——不祭祖、不对长辈跪拜、不闹洞房、让妻子读书。他对弟弟家驷说:

家庭是一把铁链,捆着我的手,捆着我的脚,捆着我的喉咙,还捆着我的脑经(筋),我不把他摆脱了,撞碎了,我将永远没有自由,永远没有生命!(闻一多,2014a)

他忍受着内心极大的痛苦来顺从父母的意愿,这让他的精神濒于崩溃(刘志权,1999),想要做自己何其艰难!

(三)孤独反抗的旅美青年

留学时的闻一多是热情、快乐、积极、果断、专注与认真的。

他赤诚地维护着民族尊严:一方面反抗种族主义者的凌辱,另一方面满腔热情地赞许美国人民的善良友谊(陈明华,1988),莫逆之交美国人温特说:

"他就是一包热情"（何兆武，2008）。尽管为人热情似火，然而在男女感情方面他总是萌芽时就果断掐死它（梁实秋，1986；闻立雕，2009）。1923年2月，他在家信中高兴地汇报自己的成绩："现在的分数是清一色的超了"（陈文，2001）。闻一多刻苦学习，在色彩和颜料的王国里，专心致志，没日没夜地努力创造着，达到了痴迷的程度（黄海源，2012）。

同时，他也是孤独、出众、自尊、烦躁、真挚、幽默、优柔、执着和反抗的。

带着婚姻的痛苦、离别的惆怅、对未知前途的茫然，闻一多开始了留学生活。枯燥的旅程让他感到无比的寂寞和失落（方仁念，1985；李娇等，2011；陈明华，1988）。许多留学生沉浸在旅途的欢乐中，但孤独和忧愁，始终伴随着他（陈明华，1988）。刚到美国时的孤寂、惆怅、失落感，渐渐被一种更深沉的，为国家、民族命运操持的忧心忡忡所代替（方仁念，1985；刘烜，1986）。远离祖国，他常有孤独感，更有屈辱感（刘烜，1986），称自己是"孤苦伶仃的东方老憨"，诗作《长城下之哀歌》中带着孤寂和悲哀（唐鸿棣，1996）。丑陋的现实令民族自尊心和自卑感混杂纠缠。出国前美术与文学的两难选择依旧困扰着他，他说："我既不肯在美弃美术而习文学，又决意归国必教文学，于是遂成莫决之问题焉"（闻一多，2014b），"跑到这半球来，除了为中国多加一名留学生，我们实在得不着什么好处，中国也得不着什么好处"（闻一多，2014c）。

他先后在三所学校学习美术，因着才华和刻苦，他很出众，但孤独烦躁挥之不去。民族歧视随处可见，闻一多每每提及都极为愤慨。强烈的自尊使他执着地反抗种族歧视，同时也以真挚和幽默对待美国友人难得的温情。值得注意的是，转入纽约艺术学院后，闻一多认识了研究戏剧的熊佛西等新朋友。他们爱好戏剧、相互切磋，排演了《牛郎织女》和《杨贵妃》。两幕戏剧公演后的效果远远超出了他们的预料，闻一多认为寻找到了救国良方。激动之余，众人决定回国开展京剧运动。于是，几个人天天讨论、天天计划（计划书写过几十次）。在他们的宏伟蓝图里，有《傀儡》杂志，有戏剧图书馆、戏剧博物馆，有北京艺术剧院，有演员训练学校、留学基金，还有邀约诸多戏剧名士的请柬……在纽约，一群热血的中华青年越谈越兴奋，越想越有希望。闻一多始终认为，中国命运的危机不仅在于政治经济方面，更危险的是文化很可能被征服，而文化被征服"甚于他方面之征服千百倍"（闻一多，2014d）。在异域的戏剧公演成功也成为闻一多在留学美国期间的关键事件，促使他迫不及待地返程救国。当时的规定是，闻一多可公费留学五年，中断一年内亦可复学，但他怀着文化艺术救国的美好憧憬，留学三年就义无反顾迫切回国，并未再赴美。

概言之，闻一多在此阶段历经了自我觉醒。留学初，他始终弄不清赴美的意义，他只是遵照世俗的眼光，用周遭的胃口代替自己的胃口，作了一个留美预备学生"应该"作出的选择。随着时间推移，他开始思考回国后如何弘扬中华文化、陶冶民众道德，并相信自己能在戏剧方面大有作为。于是，自我效能感给闻一多压抑的留学生活带来了一抹亮色。

（四）矛盾彷徨的海归教授

回国之后的闻一多仍然是热情、积极、快乐、认真、果断和专注的。

进入国立北京艺术专门学院，是闻一多回国后首次走上工作岗位，而且还能与老友们一起工作，他就更高兴了（黄海源，2012）。他积极筹建戏剧系，关心戏剧运动（方仁念，1985；刘志权，1999），讲课也很认真（杨洪勋，2006）。之后，他带着年轻的活力、无比的热情，担任武汉政府的艺术股股长，亲自绘制许多反军阀的宣传画（史靖，1982）。在青岛大学，他忙于多方吸引人才、促进学校发展，也专注于古典文学研究（刘介民，2005）。一次新生选拔，阅卷素来严格的闻一多大都评 5—10 分，但臧克家的试卷令他喜出望外，毫不犹豫给了98分（刘志权，1999）。

同时，他的人格也表现出矛盾、彷徨、成熟、满足和谦逊。

1925年6月，闻一多回国，辗转进入新建的国立北京艺术专门学院，却因校长人选之争非常懊丧。1926年3月，他从艺专辞职，7月，携眷返回老家浠水，后只身赴沪，深感近年来呕心沥血振兴京剧的憧憬，只不过是个"半破的梦"。9月，他受聘于上海吴淞国立政治大学教授兼训导长，不久，未满五岁的长女闻立瑛夭折，他忙于公务不能抽身，无比悲痛。1927年4月，北伐军进入上海，封闭政治大学，他再度赋闲，又遭遇"四一二"政变，遂心情沉重，身体虚弱。7月，他与朋友一同创办新月书店，但并不热心（梁实秋，1986）。8月，闻一多受聘于南京第四中山大学，可听闻朋友供职于中山大学，他又想去广州，友人们感到他那段时间"总是栖栖皇皇不可终日"。1928年8月，他念及桑梓之情，担任武汉大学教授。不到两年，因校内各利益集团权益纷争，他于1930年6月辞职，8月携眷至青岛大学赴任。一年后，青大学生反对他的风潮越演越烈，要求学校辞退闻一多。最终，他于1932年6月愤然离去。

1925—1932年，正是旧中国风雨飘摇、政局动荡之时，作为个体的闻一多自然会感受到矛盾彷徨、失意沮丧。这一时段里，闻一多在不同的城市之间奔波，待在各单位供职的时间均未超过两年，足以想见当时他随时局而变动的辛劳。从他的具体工作来看，主要涉及美术诗歌——皆为他的长项，也算得心应手。他做学问谦虚、诗风日渐成熟，教学研究的进步也令自己满足。可是，细数他每次另谋高就，多因人际关系复杂。虽有外界种种原因，但不可否认的是，此阶段，闻一多在客体关系的处理上出现了前所未有的困境。显然，这样的遭遇对于出众且激情满怀的闻一多来说，是具有毁灭性的。因此，在爱女夭亡、政治大学被关闭后，连日心情郁闷的他身体状况急剧恶化，只得治印聊以自慰，刻一印"壮不如人"，旁注"转瞬而立之年，画则一败涂地，诗亦不成家数,静言思之,此生休矣!因而作此印以志恨。"一个"此生休矣"足见他当时心情的低落。好在,友人们都十分关心他:至交陪他到杭州旅游养病;爱徒伴他登泰山散心;各界朋友欣赏其才华,不断热情邀约,不断提供任职机会。所以,尽管他对饶孟侃说,"数年来痛苦的记忆",一提起"就伤痛得流泪",但他还是坚持着走了下来(闻立雕,2009;闻立鹏、张同霞,1999;闻黎明,2016)。

(五) 安逸谦虚的清华学者

作为教师身份重返母校的闻一多仍然保持热情、快乐、认真、果断、专注和积极的人格。

在清华园里,由于学生少,讲书如同座谈,学生们对每一句话几乎都要询问出处,闻一多就聚精会神地讲(孙作云,1980)。学生普遍认为,闻先生教学时总是如此谦虚认真(史靖,1982;余嘉华,1980)。课余时,他能和孩子们一起嬉戏,自然心中十分快乐(史靖,1982)。1936年2月,当军警包围清华园,按黑名单逮捕学生"民先队"的成员时,他毅然在家中掩护了"民先队"成员(苏志宏,1999)。

同时,他的人格也表现出谦虚、严厉、安逸、崇高、和气、清高和消极。

1932年8月,闻一多受聘于国立清华大学中国文学系。在学生们眼里,闻先生是一位谦虚和气的教授,不过,如果学生作业草率或犯些常识性的错误,他就会非常严厉(王瑶,1987)。闻一多对好友说,近期发现了自己"最根本的缺憾"是无法适应环境,既然走不通"向外发展的路",那他就"不能不转向内走"。所幸,他确证了自己在向内发展的道路上很有希望(闻一多,2014e)。"向内走"主要指埋头故纸堆,因为他既不是中文专业科班出身,也没有硕士或博士学位,要想立足必须下苦功。凭着深厚的国学童子功、对古文学的挚爱,以及刻苦细致地钻研,加上大胆创新的作风,闻一多渐渐在古文学领域崭露头角。诚然,"向内走"也有另外一层含义,即远离喧嚣人群的是是非非,专注于自己的内心感悟和调整。所以,虽然在清华园里有许多故交,可是,除了少数人,闻一多与其他人来往甚少。

环顾校园,昨日那个不谙世事、朝气蓬勃的闻一多,似乎一直都在清华园熟悉的草木之间,那些曾经的成功体验仿佛从未走远。新建的教职员宿舍,无论是西院四十六号还是新南院七十二号,都是当时清华上好的教授住房。特别是后者,包含卧房、书房、客厅、仆役卧室等大小十四间,冷热水、电灯、电话、电铃一应俱全,房前是茵茵草坪,四周有矮柏围墙——这是他毕生最好的住所。舒适的条件自然会令人安逸,对于校园之外的政治时事,他多半表现出清高和消极。

可以说,重返清华园的五年,是闻一多人格发展中极为重要的时光。因为,这时的心理氛围和物质环境都是支持性的:首先,校长梅贻琦、系主任朱自清皆为德厚学高之士,待人以诚;其次,闻一多尽量避免参与教学研究之外的事务,免去了一些人际方面的麻烦;第三,居住条件和薪水都不错,妻子贤淑子女健康,没有后顾之忧;第四,清华园内的生活并未过多受时局影响。综合诸因素,闻一多慢慢摆脱了各种挫折和打击,逐渐寻找到一个研究古文学也同样有所建树的自己。

(六) 慷慨自觉的民主斗士

此时的闻一多依然表现出热情、快乐、积极、认真、果断和专注的人格。

他不仅专注于自己的学术研究,还热情认真地阅读马列主义哲学书籍,并密切关注现实(何善周,1980;郭良夫,1980)。他赴路南圭山采风时,积极支持彝族青年到昆明公开演出歌舞,使得少数民族民间文艺第一次突入昆明文化阵地（彭允中，1980）。他在周恩来同志的关怀和帮助下，拍案而起，毅然参加了民盟云南省支部的工作（楚图南，1980）。1944年护国纪念中，很多群众在昆明市区游行，他回头看到越来越长的队伍，十分高兴，说："这就是人民的力量"（马识途，1980）。

同时，他也是慷慨、自觉、英勇、坚强、自责、亲切、年轻、无私、真诚、慈祥、风趣、偏激、耐心、坦率、坦然、庄重、紧张、乐观、天真、细心和正直的。

1937年到1946年，闻一多从北京到武昌、驻足长沙，步行至西南边陲。他从养尊处优中走出来，真正走到了学生中间、百姓身边。他直率"偏激"地抨击时局，自责曾经"听任丑恶去开垦，看它造出个什么世界"，自觉研读马克思主义著作，在赤贫的状况下仍保持着正直无私、英勇坚强（闻黎明，2016）。他待人真诚亲切、耐心慈祥、风趣坦然，展现着青春的活力与乐观。

卢沟桥事变前，闻一多的妻子思念老人，带两个大一些的儿子回乡探望。闻一多想多做些研究，就与另外三个孩子（两个五六岁，最小的只有一岁半）留在清华园中。时局突变，他必须带着孩子们迅速逃离。可是车站上逃难的人群如潮，大家都拼着命要挤上车。闻一多和仆人赵妈带着三个小不点和行李，一路上排队、买票、上车、倒车、换船都需要鏖战，吃饭、喝水、上厕所都十分困难，加之盛夏酷暑、臭汗淋漓，车厢船舱里空气浑浊，味道刺鼻。一路艰辛，闻一多吃了平生从未吃过的苦，遭了从未遭受过的罪（闻立雕，2009）。根据具身认知（embodied cognition）的观点，身体的感知和行为动作都是完整认知过程的有机组成部分，有实验证实，高级认知过程受到身体感受（如体验到轻重、冷热、软硬等物理性质）的影响：譬如皮肤感受到温暖时，人们倾向于判断陌生人是热情的；身负重物时，人们常常在困难面前产生更沉重的心理负担；触摸粗糙的硬物时，人们通常会用更加苛刻的眼光来评判他人（叶浩生，2015a）。逃难途中，闻一多背负行李怀抱小儿，这会加重他的心理负担，湿热拥挤的环境也会影响他对社会现状的认识和理解，促使其人格发生变化。社会认知来源于身体，本质是社会互动过程中基于身体的内隐性具身模拟过程（叶浩生，2015b）。

此外，抗战时期，大后方昆明的物价飞涨，仅以白米、猪肉、木炭为例，四五年间（1937—1941），其单价分别上涨了35、30.6、33.3倍（王文俊，1998）。然而教授闻一多的薪水微薄，家中人口众多，是当时西南联大人所共知的贫困户。物质生活的极度贫乏确实历练着闻一多。虽身处陋巷，仅有"一箪食，一瓢饮"，但闻一多仍以饱满的热情和满腔的斗志乐观地工作着、生活着；尽管"国无道"，但闻一多的气节"至死不变"。

（七）讨论

1. 闻一多人格具体维度的变化

根据莱希（Lahey，2007/2010）对大五人格特质的概述，我们将闻一多不同时段的独特人格进行大致归类，并纳入已有研究中涉及的人格（如热情、自信），来讨论具体维度的发展情况。

宜人性主要包括易怒对和善、无情对仁慈、自私对无私、冷酷对同情、报复对宽容（Lahey，2007/2010）。从23岁起，闻一多的宜人性开始凸显：23—26岁出现真挚、反抗；26—38岁出现和气、谦逊或谦虚；38—47岁出现慈祥、真诚亲切、慷慨无私。与前人的研究结果一致，即宜人性毕生都在增加（Lucas & Donnellan，2011；Roberts & Mroczek，2008）。罗伯茨与姆罗切克（Roberts & Mroczek，2008）认为"热情"会随着年龄增长而不断增加，但在本研究中，闻一多的"热情"却出现了明显的波动。虽然在每个阶段，闻一多的人格都出现了"热情"，但是从频数的排序情况看，0—13岁时列11位，

13—23岁时列首位，23—26岁时列第二位，26—33岁时列首位，33—38岁时列35位，38—47岁时列首位——闻一多的"热情"在33—38岁时有明显降低，异于前人之研究结论。诚然，由于闻一多的生命终止与47岁，所以"宜人性只在老年期有所改变"（Roberts et al.，2006）的结果未得到验证。从总体上看，本研究显示宜人性确实毕生都在增加。

尽责性主要包括疏忽对谨慎、粗心大意对仔细、不可靠对可以信赖、懒散对勤奋、无序对有组织（Lahey，2007/2010）。闻一多在0—13岁表现出好学，在13—26岁表现出孝顺、有恒、执着等人格特征，26—33岁此维度的人格特征不明显，33—47岁凸显出崇高、自觉和细心。证实了已有研究的结论：尽责性会随时间增加，尤其在成年早期（Roberts et al.，2006）。尽责性在成年晚期略有降低（Lucas & Donnellan，2011）的结果未得到验证。

神经质性主要包括平静对担忧、自在对紧张、放松对绷紧、安全感对不安全感、舒适对自我意识（Lahey，2007/2010）。闻一多的神经质性主要表现在0—13岁的拘谨，13—23岁的早熟，23—26岁的自尊、烦躁、优柔，26—33岁的矛盾、彷徨、成熟和满足，33—38岁的安逸，38—47岁的坦然、坦率、庄重、紧张等。所得出的结论与前人的结论大致相同：情绪的稳定性逐渐增加，尤其在成年早期（Roberts et al.，2006；Roberts & Mroczek，2008）。情感稳定随年龄而不断增加，神经质相对平稳，仅在中年有轻微地增加，在成年晚期有轻微地减少（Lucas & Donnellan，2011）。随着时间推移，平均水平的负性情感会降低（Blonigen et al.，2008）。

外倾性主要包括退缩对好社交、严肃对爱玩笑、缄默对感情丰富、安静对喋喋不休、孤独对参与（Lahey，2007/2010）。我们不赞同"外倾性毕生都在减少"（Lucas & Donnellan，2011）的观点，因为就闻一多而言，他的外倾性表现为0—13岁的恬静、文雅，13—23岁的活泼、独立，23—26岁的孤独、出众、幽默，33—38岁的严厉、清高，38—47岁的风趣、乐观。有学者认为自信随年龄而不断增加（Roberts & Mroczek, 2008），闻一多的"自信"在成年早期的确呈现增加的趋势，但之后出现了明显的波动：0—13岁时没有，13—23岁时列34位，23—26岁时列33位，26—33岁时列38位，33—38岁时列43位，38—47岁时列25位——闻一多的"自信"在26—38岁时有明显降低，异于前人之结论。我们认为，外倾性毕生并未呈现减少的趋势，同时，自信在成年早期会有所增加，之后也会由于世事变迁而有较大幅度的波动。

经验开放性主要包括保守对创新、实事求是对充满想象、无创造力对有创造力、兴趣狭隘对兴趣广泛（Lahey, 2007/2010）。由于闻一多的经验开放性主要表现于0—23岁时的好奇、聪明和多才，后续的时段中均未凸显，因此，我们赞同"经验开放性毕生都在减少"（Lucas & Donnellan, 2011）的结论。

简言之，闻一多的宜人性毕生都在增加（"热情"会出现明显的波动），尽责性随时间增加，尤其在成年早期；神经质性中情绪的稳定性逐渐增加，平均水平的负性情感会逐渐降低；外倾性并未随时间的推移而减少（"自信"在成年早期会有所增加，之后也会有明显的波动）；经验开放性毕生都在减少。

从总体的趋势来看：闻一多的人格在38—47岁之间发生了很大的改变，不同于"变化在成年早期（20—40岁）占主导地位"的一般趋势（Roberts & Mroczek, 2008），表现出其人格变化的独特性，也反映出战争年代的内忧外患、颠沛流离、食不果腹对个体人格的重要影响。

2. 闻一多的人格在不同人生阶段呈现的状况

综观闻一多人格的发展，在其生命的六个阶段中，每一个阶段都表现出热情、积极、快乐、专注、认真、果断的人格，似乎是一以贯之、稳定不变的。但事实上，即便每个阶段都出现，这些人格特征也由于其对象不同而具有各异的表现状态。而且，这些词语中的任何一个在不同阶段的排序（重要程度）

也有差异，具体频数也不尽相同。所以，这些看上去"稳定"的人格实质上是变化的。

同时，由于时间的更迭、空间的转换，闻一多身处的物理环境和人际关系均发生不同程度的改变，因此闻一多的人格发展出了一些新的（不同于其他时段）的特征，包括童年时期的好学、老成、恬静、文雅、拘谨、好奇和聪明；清华读书期间的活泼、幼稚、孝顺、早熟、独立、多才和有恒；赴美留学阶段的孤独、出众、自尊、烦躁、真挚、幽默、优柔、执着和反抗；归国七年里的矛盾、彷徨、成熟、满足和谦逊；回母校任教时期的谦虚、严厉、安逸、崇高、和气、清高和消极；抗战南迁之后的慷慨、自觉、英勇、坚强、自责、亲切、年轻、无私、真诚、慈祥、风趣、偏激、耐心、坦率、坦然、庄重、紧张、乐观、天真、细心和正直的。这些新特征的出现，使得闻一多的人格发展呈现出变化的主旋律。

此外，还有一些人格在中间某些时段出现或消失，有些人格在首尾两段出现或消失，各种变化情形不胜枚举，亦说明其人格是变化的。

五、结论

本研究选择文献资料，以大五人格特质为基本理论，对闻一多的人格特质及其发展变化进行梳理，结果发现：闻一多"人格"会随时间而变异，且"不变"成分很少，即使这些看似"不变"或"相似的"特征，在其一生中也有相当的"变异"。在闻一多人生的每一个阶段，都表现出一些新的人格特征，这可能与他所处时代及环境变故有较大关系。

社会建构理论指出，"我们描述和解释世界的方式是关系的结果……所有关于真和善的有意义的主张都源自关系"（Gergen, 2001/2011）。从整体上看，纳入本研究的诸多文献出自 140 位作者手笔，几乎可以囊括闻一多的人际关系类型，如亲朋、师生、革命同志、同事、研究者等。沉浸于关系中的闻一多，其积极、热情、认真、专注等真与善的意义贯穿了生命始终。近一步探寻其心理状态与特殊历史事件的关联，不难发现，闻一多的人格更多由社会历史条件所塑造，特别是他在各个生命阶段里因世事变迁而凸显或消失的人格，更能体现出社会变迁和人际关系对个体人格的构建。

的确，人们的所作所为就是把他们的行为和他们所生活的情况联系起来，包括物理的和建构的两个方面（Gergen、王波，2016），如果开展对任何心理"现象"的研究，却不掌握产生该现象之特有假设的文本历史，这样的做法是草率的（Gergen，2001/2011）。收笔之际，我们期待未来的研究可以侧重运用社会建构理论进行继续探究，以期获得对闻一多人格特征及其形成原因的更加深层和恰当理解。

参考文献

方仁念（1985）．闻一多在美国．上海：华东师范大学出版社．

王文俊（主编）（1998）．国立西南联合大学史料（四）：教职员卷．昆明：云南教育出版社．

中国社会科学院语言研究所词典编辑室（主编）（2012）．现代汉语词典（第6版）．北京：商务印书馆．

王瑶（1987）．念闻一多先生．中国现代文学研究丛刊（1），100—127．

王锦厚（1986）．闻一多是如何成为民主战士的．四川大学学报：哲学社会科学版（1），66—72．

史靖（1982）．闻一多的故事．香港：万源图书．

何兆武（2008）．一包热情的闻一多．见藏东（编），民国教授．北京：中国妇女出版社，115—117．

何善周（1980）．千古英烈，万世师表——纪念闻一多师八十诞辰．见三联书店编辑部（编），闻一多纪念文集．北京：生活·读书·新知三联书店，253—274．

余嘉华（1980）．闻一多在昆明的故事．昆明：云南人民出版社．

李娇，郭雅静，王婷婷（2011）．100位为新中国成立做出突出贡献的英雄模范人物：闻一多．长春：吉林文史出版社．

肖兰英（1998）．试论闻一多的爱国情怀及爱国诗．重庆电大学刊（1），36—39．

季镇淮（1980）．闻一多先生事略．见三联书店编辑部（编），闻一多纪念文集北京：生活·读书·新知三联书店，451—478．

徐有富（1999）．闻一多．南京：江苏文艺出版社．

孙作云（1980）．忆一多师．在三联书店编辑部（编），闻一多纪念文集北京：生活·读书·新知三联书店，114—117．

唐鸿棣（1996）．诗人闻一多的世界．上海：学林出版社．

马识途（1980）．时代的鼓手——闻一多．见三联书店编辑部（编），闻一多纪念文集．北京：生活·读书·新知三联书店，292—305．

陈文（2001）. 闻一多. 石家庄：河北教育出版社.

陈少华，郑雪（2000）. 西方关于人格一致性研究的进展与启示. 社会心理研究（4），52—56.

陈明华（1988）. 闻一多生平与创作. 哈尔滨：黑龙江人民出版社.

郭永玉，贺金波（主编）（2011）. 人格心理学. 北京：高等教育出版社.

郭良夫（1980）. 怀念我的老师. 见三联书店编辑部（编），闻一多纪念文集. 北京：生活·读书·新知三联书店，287—291.

郭道晖，孙敦恒（1980）. 清华学生时代的闻一多. 见三联书店编辑部（编），闻一多纪念文集. 北京：生活·读书·新知三联书店，421—450.

梁实秋（1986）. 谈闻一多. 见梁实秋（著），雅舍怀旧：忆故知. 北京：中国友谊出版社，1—80.

彭允中（1980）. 回忆闻一多老师. 见在三联书店编辑部（编），闻一多纪念文集. 北京：生活·读书·新知三联书店，348—355.

黄希庭，张蜀林（1992）. 562个人格特质形容词的好恶度、意义度和熟悉度的测定. 心理科学（5），17—22、63.

黄海源（2012）. 闻一多最后的吼声. 昆明：云南教育出版社.

杨洪勋（2006）. 闻一多：从诗人到学者. 青岛：中国海洋大学出版社.

叶浩生（2015a）. 身体对心智的塑造：具身认知及其教育启示. 基础教育参考（13），3—6.

叶浩生（2015b）. 社会认知研究中的身体转向. 社会科学（10），122—127.

楚图南（1980）. 纪念战友闻一多. 见三联书店编辑部（编），闻一多纪念文集. 北京：生活·读书·新知三联书店，132—135.

闻一多（2001）. 闻多. 见张烨（主编），闻一多诗歌散文全集. 北京：中国致公出版社，255.

闻一多（2014a）. 致闻家驷（一九二二年五月七日）. 见闻一多，闻一多书信集. 北京：群言出版社，23—25.

闻一多（2014b）. 致父母亲（一九二二年八月）. 见闻一多，闻一多书信集. 北京：

群言出版社，28—29.

闻一多（2014c）. 致梁实秋（一九二三年二月十五日）. 见闻一多，闻一多书信集. 北京：群言出版社，241—242.

闻一多（2014d）. 致梁实秋（一九二五年三月）. 见闻一多，闻一多书信集. 北京：群言出版社，262—267.

闻一多（2014e）. 致饶孟侃（一九三三年九月二十九日）. 见闻一多，闻一多书信集. 北京：群言出版社，311—312.

闻立雕（2009）. 红烛：我的父亲闻一多. 北京：新华出版社.

闻立鹏，张同霞（1999）. 闻一多. 北京：人民美术出版社.

闻黎明（2016）. 闻一多传（增订本）. 北京：人民出版社.

闻黎明，候菊坤（编）（2014）. 闻一多年谱长编. 上海：上海交通大学出版社.

臧克家（1980）. 闻一多先生传略. 见臧克家（编），怀人集. 上海：上海文艺出版社，123—130.

刘介民（2005）. 闻一多：寻觅时空最佳点. 北京：文津出版社.

刘志权（1999）. 闻一多传. 北京：团结出版社.

刘烜（1986）. 闻一多. 北京：人民出版社.

郑剑虹（1997）. 梁漱溟人格的心理传记学研究（未出版之硕士论文）. 西南师范大学心理学系，重庆：重庆出版社.

郑剑虹（2014）. 心理传记学的概念、研究内容与学科体系. 心理科学 37（4），776—782.

苏志宏（1999）. 闻一多新论. 北京：中央编译出版社.

Gergen, K. J.（2011）. 语境中的社会建构（郭慧玲、张颖、罗涛译）. 北京：中国人民大学出版社. （原著出版于2001年）.

Gergen, K. J.，王波（2016）. 历史与关系：社会建构论的社会建构——与肯尼斯·格根教授的对话. 国外社会科学（5），135—139.

Lahey, B. B.（2010）. 心理学导论（第9版）（吴庆麟等译）. 上海：上海人民出版社. （原著出版于2007年）.

Larsen, R. J. , & Buss, D. M. (2011). 人格心理学:人性的科学探索(第 2 版)(郭永玉译). 北京:人民邮电出版社. (原著出版于 2005 年).

Maslow, A. H. (2012). 动机与人格(许金声等译). 北京:中国人民大学出版社. (原著出版于 1954 年).

Schultz, W. T. (Ed.). (2011). 心理传记学手册(郑剑虹等译). 广州:暨南大学出版社. (原著出版于 2005 年).

Alexander, I. E. (1990). *Personology: Method and Content in Personality Assessment and Psychobiography.* Durham, NC: Duke University Press.

Blonigen, D. M. , Carlson, M. D. , Hicks, B. M. , Krueger, R. F. , & Iacono, W. G. (2008). Stability and Change in Personality Traits from Late Adolescence to Early Adulthood: A Longitudinal Twinstudy. *Journal of Personality*, 76 (2), pp. 229 – 266.

Lucas, R. E. , & Donnellan, M. B. (2011). Personality Development Across the Life Span: Longitudinal Analyses with A National Sample from Germany. *Journal of Personality and Social Psychology*, 101 (4), pp. 847 – 861.

Mõttus, R. , Johnson, W. , & Deary, I. J. (2012). Personality Traits in Old Age: Measurement and Rank-order Stability and Some Mean-level Change. *Psychology and Aging*, 27 (1), pp. 243 – 249.

Roberts, B. W. , & Mroczek, D. (2008). Personality Trait Change in Adulthood. *Current Directions in Psychological Science*, 17 (1), pp. 31 – 35.

Roberts, B. W. , Walton, K. E. , & Viechtbauer, W. (2006). Patterns of Mean-level Change in Personality Traits Across the Life Course: A Meta-analysis of Longitudinal Studies. *Psychological Bulletin*, 132 (1), pp. 1 – 25.

Roberts, B. W. , Wood, D. , & Caspi, A. (2008). The Development of Personality Traits in Adulthood. In O. P. John, R. W. Robins, & L. A. Pervin (Eds.), *Handbook of Personality: Theory Andresearch* (3rd ed.). New York: Guilford. pp. 375 – 398.

Stephan, Y. , Sutin, A. R. , & Terracciano, A. (2014). Physical Activity and Personality Development Across Adulthood and Old Age: Evidence from Two Longitudinal Studies. *Journal of*

Research in Personality, 49, pp. 1 - 7.

Terracciano, A. , McCrae, R. R. , & Costa, P. T. , Jr. (2010). Intra-individual Change in Personality Stability and Age. *Journal of Research in Personality*, 44 (1), pp. 31 - 37.

Psychobiographical Research of Wen Yiduo's Personality Development

Shen Nan[1] and Yin Ke-li[2]

([1] Ph. D. Student, School of Marxism, Yunnan University)

([2] Professor, School of Education and Management, Yunnan Normal University)

╱ Abstract ╱

Personality development focuses on whether personality will be changed over time and with the environmental changing. Will it be "changed" or "stability"? Scholars have different opinions and arguments but no agreed answers. This article takes Wen Yiduo's personality development through his whole life as an example to explore this issue. The results are as follows: first, according to the corresponding exclusion and inclusion criteria, we chose 158 memoirs and 20 biographies as our research data which come from 140 authors; second, by dividing Wen's life into six periods, we read the materials related to each period in detail and sorted out the personality adjectives and their frequency; and finally, we analyzed Wen Yiduo's personality development with key events in his life. Throughout Wen's life, some of his traits were consistent, such as seriousness, concentration, determination, positiveness, enthusiasm and glee. But other more traits changed over time. For example, Wen Yiduo was studious and experienced in his childhood; independent and talented at Tsinghua University as a student. Then, in the United States, he was lonely and rebellious. After that, Wen Yiduo had been hesitated and contradictory about for seven years or so. When teaching in Tsinghua University, he was relaxing and modest. Then, he was liberal and conscious. Overall, Wen Yiduo's "personality" varied with time, and the "unchanged" components were very few. Even if these seemingly "unchanged" or "similar" features, there were also had considerable "variation" in his lifetime.

/ Keywords /

Personality evelopment, Psychobiography, Wen Yiduo, Stability and change

从"绝望"到"希望"
——史铁生的心理传记分析

舒跃育[1,*]　唐文婷

([1]西北师范大学心理学院心理传记学研究所)

/ 摘　要 /

史铁生的一生是跌宕起伏的一生。他的人生轨迹原本可以像当时大多数青年人一样上学、插队、工作，这样平凡地度过一生。但命运却对他开了个玩笑，在他活到"最狂妄"的年纪，丧失了人类最基本的功能——直立行走。在这样的绝境当中，原本处于人生谷底的他却绝地求生，创造出中国当代文坛的一个奇迹。那么，到底是什么原因促使他从"死"到"生"，并走向人生的辉煌呢？本文拟从心理传记学的视角，分析他逐步实现自己、超越自己背后的心理根源。

/ 关键词 /

史铁生，心理传记，超越

---

* 通讯作者：舒跃育，副教授，博士，E-mail: shuyueyu@nwnu.edu.cn

一、引言

史铁生（1951—2010），北京人，1967年毕业于清华附中，1969年赴延安乡村插队务农，1972年因双腿瘫痪回到北京，在北新桥街道工厂工作，后因病情加重回家疗养。北京市作协专业作家，中国作协第五、第六、第七届全委会委员。1979年开始发表作品。1983年加入中国作家协会。著有长篇小说《务虚笔记》《我的丁一之旅》，短篇小说集《命若琴弦》，散文《我与地坛》《记忆与印象》等。《我的遥远的清平湾》《奶奶的星星》分获1982年、1983年全国优秀短篇小说奖，《老屋小记》获首届鲁迅文学奖，长篇随笔《病隙碎笔》获第三届鲁迅文学奖。2010年，史铁生因突发脑溢血去世。

史铁生的一生充满传奇色彩，特别是他在最"狂妄"的年纪，遭遇双腿瘫痪，当他的生活发生天翻地覆变化，他曾试图用自杀来结束瘫痪带给他的一切苦难。但是当所有的人包括他自己都以为他此生就这样的时候，结果他非但没有死，也没有堕落自弃，而是选择逆流而上，一步步战胜死亡，走出困境，并且进军中国当代文坛，成为中国当代文坛不可多得的一位哲思型作家。本文将从心理传记学的角度，对他传奇人生背后行为的心理根源进行分析。

心理传记学是系统地采用心理学的理论和方法对个别人物的生命故事进行研究的一门学问，心理传记学试图通过对传主人格特征的分析来解释人物的人生变化轨迹（郑剑虹，2014）。作为一种特质研究，心理传记是除了实验和量化（相关）方法之外进行人格心理学科学研究的第三种方法，它的目标不是去概括或确定共性，而是将每一个人都看作是独一无二的个体（舒尔茨，2005）。本文对史铁生的研究使用2017年人民文学出版社出版的《史铁生作品全编》，1986—2014年期间发表的关于史铁生及其著作的评论，还有其妹妹和其生前好友对他的回忆资料，以及别人对史铁生的研究成果等。用亚历山大的

"心理凸显性指标"和舒尔茨的辨认"原型情景"的关键指标对这些初始性资料进行筛选（舒尔茨，2005）。最终确立了"频率""强调"等凸显性指标，比如据他妹妹回忆："我亲眼看见他把一整瓶药一口吞下，然后疼得在床上打滚，看见他一把摸向电源，全院电灯瞬间熄灭，我才知道什么是真正的恐惧和绝望。这种事情经常发生。"在他的自传体小说《山顶上的传说》中绝望的男子企图用触电来结束生命，在《我二十一岁那年》中，谈到"死"开始在他的上空盘旋，后来其创作中对"死"的追问逐渐明晰起来，以及他的小说《毒药》全文以"死"作为主线索，这些他一直强调并重复的主题组成了本文悬疑性问题的主要成分。同时，寻找到"贯通""发展性危机""拒绝接受现状"等原型情景，用心理传记的方法，从主人公早期童年经历、同一性危机、潜意识中的自卑、人格与动力以及同伴关系等几个方面对其"死"与"生"进行分析，从而探索主人公的"V"型心路历程。

二、悬疑性问题

提到史铁生，我们很多人想到他是坐在轮椅上的人，会想到其《我与地坛》《秋天的怀念》等作品。然而，有人却说："史铁生是中国文学的幸运，是上天给我们不可再得的一笔宝贵财富"（韩少功，2011：9—10）。那么是什么原因使得作家韩少功对他做出如此高的评价？史铁生之于我们普通读者、之于当代文坛是何种存在？之于社会又是何种价值呢？

史铁生初中毕业时，正好是"文化大革命"开展之际，由于他的出身问题，加之当时特殊的社会背景，他没有当兵以及被推荐上大学的可能性，所以他只能跟随当时的社会大潮流去插队，而插队过程中过于辛苦的农活，使得从小生活在大城市的青年史铁生无法适应，加之当地医疗条件差，他的病情因此被耽误了。种种原因使他年仅21岁就双腿瘫痪，从此被"种"在了轮椅上。

紧接着，一切像是连锁效应，双腿瘫痪使他失去高考恢复后考大学的机会，也使得公家给他分配工作的机会渺茫，而当时与他一起插队的人，有的去上大学，有的去当兵，有的分配了工作。就这样，命运并没有厚待这个年轻人，在他24岁的时候，陪伴他长大的祖母病逝，两年之后，其带病在身的母亲又因对他的过度操劳而错过自己的最佳治疗时期，最终离他而去，年仅49岁。他失去了照顾他日常起居的人，也失去了最尊重和最包容他的人。祸不单行，残缺的身体导致了初恋恋人家长的直接反对，最终迫使恋人和他劳燕分飞。其实让他更痛苦的并非残缺本身，若仅仅是因为残缺，时间的流逝会让他学会慢慢适应，但是让他痛苦又无能为力的是别人像看怪物一样看他的眼神，是别人对他的怜悯，是生活中诸多的不公平。面对这一连串的挫折，史铁生跟我们现实中众多人面对挫折的态度一样，他用自杀来逃避现实，这在众人看来，这种逃避行为并非出人意料。然而，他不但放弃了自杀，而且成就了自己，成为中国文坛上不可多得的哲思型作家。那么究竟是什么原因让他放弃自杀的念头，选择用积极的心态拥抱生活呢？本文就从悬疑性问题入手，用心理传记的方法探究其想死而未死的深层原因。

三、"绝望"与"希望"之间

（一）折翼之痛——"绝望"

从已有资料可知，史铁生在瘫痪后，不止一次有过自杀的念头，并且前后总共有过三次自杀行为。那么，仅仅是瘫痪这一事件促使他产生了自杀的想法和行为吗？还是另有背后的心理学原因呢？为了探究这一问题，以下就从同一性危机、生活重大事件、自卑情结几个方面来分析他自杀的原因。

1. 时代的"馈赠"——同一性危机

自我同一性，即青少年同一性的人格化，是指青少年的需要、情感、能力、目标、价值观等特质整合为统一的人格框架，即具有自我一致的情感与态度，自我贯通的需要和能力，自我恒定的目标和信仰（斯科特著、陈英和译，2015：423）。如果青年在这一阶段不能建立自我同一性，就会产生同一性混乱，他们对未来方向彷徨迷惑，不知所措，没有确定的目标、价值打算。1966年正是"文化大革命"如火如荼开展之际，正值15岁的史铁生就读于清华大学附属中学初二年级，其同龄人大多数都在参加运动，但他和少数人因为成分问题而被排除在外。此时其矛盾心理出现，一方面是他渴望参加到激烈运动中却又不能融入的矛盾，因为他也想成为跟别人一样的热血青年，他也想融入集体，找到集体归属感，但由于自己家庭成分的问题，他只能做个观望者；另一方面，矛盾来自他想参加运动却又不能接受这种与他已有的价值观相矛盾的运动，比如昨天这个人还是我们学习的模范，今天却成了被批斗的坏人，这样的事情太多，让他困惑，让他不能分辨对错。就如他在后来的访谈中回忆到：

"文革"给我的印象主要是混乱、惊慌，不知道怎么了，可以说是一个大的价值空缺……我觉得主要的压力，就是对出身的强调，所以像我们这样不好不坏的出身，就都成了逍遥派（《史铁生作品全编》第10册，2017：282）。

我曾亲眼见一个人跳上台去，喊"我就是混蛋"！于是赢来了一阵犹豫的掌声，不过当时我的心里只有沮丧，感到前途无比黑暗。我想成为"我们"，死也不想成为"他们"。大约就是从那时候起，我非常的害怕了"我们"……，倒不一定就是怕"我们"所指的那群人，而是怕"我们"

这个词，怕它所散发的符咒般的魔力……（《史铁生作品全编》第 8 册，2017：15）。

由此看出，此时他一方面因为自己的出身问题，进入不了"我们"这个队伍，而他是渴望加入"我们"队伍里面去，不想进入到"他们"的队伍里面，可偏偏他一直处在"他们"的行列里面，这样尴尬的出身，如果他好好表现，就有可能跻身于"我们"之中，但是一不小心就会被划入"他们"的队伍之中。无疑，这种划分对十几岁的史铁生而言是慌乱紧张的，对他当时乃至以后都产生了重大影响，另外一方面，他又有了一定的自己的价值判断，当时他并不能定义这种活动或运动哪儿不好，但他会以自己十几岁的经验判断自己喜欢或不喜欢。他出现了矛盾的心理，他既渴望找到群体归属感，融入到集体里面去，但他进不去。此时他的内心是迷茫的。根据埃里克森的观点，在青年期，自我力量来自个人与集体的相互确认，社会要承认年轻人是新生力量的承载者，这样才能鼓舞被确立的个人保持忠顺、信任与尊重。青少年的需要、情感、能力、目标、价值观等特质需要整合为统一的人格框架，即具有自我一致的情感与态度，自我贯通的需要和能力，自我恒定的目标和信仰。而此时的史铁生，想参加运动却又不能参加，无法从与集体的相互确认中获得力量，也没有得到群体的包容与认可。同时他对群体行为的怀疑与他想参加运动的心理之间形成的矛盾无法靠他自己解决，他的需要、情感、能力、目标、价值观等在这个时候不能整合为统一的人格框架，也没有形成自我一致的情感与态度。所以，在青少年时期这个阶段，史铁生并没有安全地度过，也没有形成忠诚的品质，他的自我角色认同出现混乱。

另外，1967 年，16 岁的史铁生刚从初中毕业，他处在一个命运并不能由自己把控的时代。能参加运动的人必须是根正苗红的"红五类"① 人员，身份

---

① 红五类：指出身"较好"的——革命军人、干部、烈士及其家属、贫下中农、产业工人五类人。

问题使得史铁生被排除在队伍之外。然而，知识青年上山下乡运动的开展，使得他有机会主动选择去插队。但当时的选择并非是他个人的未来职业规划，也不是深思熟虑的选择，而只是随大潮流的盲目冲动。从下面这段话可以看出：

> 去插队的那年，我十七岁。直到上了火车，直到火车开了，我仍然觉得不过像是去什么地方玩一趟，跟下乡去收麦差不多，也有点像大串联①。大串联的时候我还小，什么都不懂，起哄似的跟人家跑了几个城市，又抄大字报又印传单，什么也不懂。其实我最愿意这么大家在一起热热闹闹的，有男的有女的，都差不多大，到一个遥远的地方去干一点什么事。火车启动了，老实说我一点都没悲伤，倒也不是有多革命，只是很兴奋……当然，发自心底想去插队的人是极少数，像我这么随潮流，而又怀了一堆空设的诗意去插队的就多些。(《史铁生作品全编》第4册，2017：47)。

心理学家马西亚（J. Marcia）认为，同一性的获得需要个体经历决策期，用做出选择来解决同一性危机，包括正在努力追求自我选择的职业以及意识形态目标（埃里克森，2015）。显然，史铁生在这一时期，完全是处于懵懂时期，去插队也只是"随潮流"而去，并非他的"强烈的革命意识"，也不是对自己未来职业的一个规划性的决策，恰如其所言："其实我最愿意这么大家在一起热热闹闹的"。也就是说，这个时期，他既没有从主动选择自己的职业或未来方向中感受到自我决策的力量，也没有强烈的为自己未来做打算或规划的意识形态目标。所以说，史铁生并没有经历决策期，也不可能通过对自己做出选择这一途径来解决同一性危机。从这个角度讲，他的同一性危机依然是存在的。

---

① 大串联：1966年，中央文革表态支持全国各地的学生到北京交流革命经验，也支持北京学生到全国各地去。

再结合弗洛伊德观点,弗洛伊德认为16岁正处于身心剧变的两性期,这一时期的心理能量主要投射在形成友谊,生涯准备,示爱以及结婚等活动中(李晓东,2013:30)。从心理能量、发展动力的理论来说,他并没有主动地或有意识地为自己的未来职业生涯做准备,只是被动适应,而示爱以及结婚,对史铁生来说更加遥远,他的初恋出现在他双腿瘫痪之后,而婚姻则更迟,从这个意义上来讲,他当时的心理能量大多数投射在友谊上,所以他会觉得和大家在一起热热闹闹的是一件令他很兴奋和激动的事情,也是他对插队没有丝毫悲伤的原因。

综上几点,史铁生并没有将自己的需要、情感、能力、目标、价值观等特质整合为统一的人格框架,也没有通过自我决策的途径来解决同一性危机,他只是将心理能量投射到友谊上,享受跟同龄人一起的快乐。所以,同一性危机没有安全度过或同一性延期是他21岁遭遇变故后会选择自杀的一个原因。

2. 祸从天降——生活重大事件

发展性危机作为舒尔茨辨认"原型情景"的关键指标之一,指涉及个人与特定冲突的关键性遭遇,即在人生发展的每一个心理阶段,总会涉及个人与特定冲突的"关键遭遇",如突发事件与自我同一性危机等(舒尔茨,2005)。所以本文选择用关键性遭遇来解释主人公自杀的原因。生活重大事件与他自杀的关系可以从以下三个方面来解释。

第一,自杀是他应对突发事件的应激反应。研究表明,面对重大突发事件,人们的第一心理反应是恐惧、焦虑和紧张。过分的恐慌、焦虑和紧张的情绪会削弱身体的抵抗力,降低心理免疫力,使人更容易患病,同时引发非理性行为(周爱保、何立国,2005:106—109)。就如史铁生一样,当他遭遇突然间的双腿瘫痪、母亲的去世、恋人的离去等一连串生活事件后,他存在过度恐慌、焦虑，不能接受现状的情况，就如下文中所写：

  史铁生在《我二十一岁那年》中回忆：十九年前，父亲搀扶着我第一次走进那病房。那时我还能走，走得艰难，走得让人伤心就是了。当时我有过一个决心：要么好，要么死，一定不再这样走出来。(《史铁生作品全编》第6册，2017：73)

  ……他爬到床边，抽出那根电线，咬去两端的塑料皮，他扶着床站起来，扶着墙慢慢走过去，用小螺丝刀拧开了电源插座的胶木盖。(《史铁生作品全编》第3册，2017：297)

  史铁生的妹妹史岚回忆：我亲眼看见他把一整瓶药一口吞下，然后疼得在床上打滚，看见他一把摸向电源，全院电灯瞬间熄灭。我才知道什么是真正的恐惧和绝望。这种事情经常发生。(史岚，2012)

  从他自己的文字以及他妹妹的回忆里面可以看出，他前后出现过三次自杀行为，也就是说，他不仅仅有想结束自己生命的想法，而且付诸了行动，所以说他的自杀行为是极度焦虑与恐惧之下的非理性行为。

  在心理学中，按照情绪发生的速度、强度和持续时间可将情绪分为心境、激情和应激三种。而激情是一种强烈的、短暂的、爆发性的情绪状态，激情往往由与人关系重大的事情引起，如惨遭失败后的沮丧和绝望、至亲突然逝世等(叶奕乾、何存道、梁宁建，1997：261)。人在产生激情的情绪后，他的情绪失去意志的监督，发生不可控制的动作和失去理智的行为。史铁生刚住进医院，躺在病床上，医生告诉他如果是良性肿瘤，通过手术便可以康复，如果是脊髓病变，就可能会导致终生下肢瘫痪。面对医生这样的预言，无疑，他是恐惧的。他的恐惧在《我二十一岁那年》中可以看出：

> 我乞求上帝不过是在和我开着一个临时的玩笑——在我的脊椎里装进了一个良性的瘤子。对对，它可以长在椎管内，但必须要长在软膜外，那样才能把它剥离而不损坏那条珍贵的脊髓……果然，上帝直接在那条娇嫩的脊髓上动了手脚！定案之日，我像个冤判的屈鬼那样疯狂的作乱，挣扎着站起来，心想干嘛不能跑一会给那个没良心的上帝瞧瞧？

如果说他对医生的预言是恐惧的，是虔诚的祈祷，那么当他证实自己是脊髓病变，并且永远站不起来了的时候，他处于一种强烈的、短暂的、爆发性的情绪状态，并且出现了愤怒、恐惧、绝望等负性情绪，而他的意志力不能监控这些负性的情绪。当愤怒、恐惧、绝望到达一个顶峰，并且这些积攒的负性情绪没有合理的发泄渠道，或向外发泄的渠道受阻，那么向内，他就会用自杀作为这种爆发性情绪的宣泄出口。

第二，自杀是他对重大事件的结果产生了不合理信念，不合理的信念是导致他自杀的原因。史铁生在他的自传体小说《山顶上的传说》中这么谈他当时对"死"的想法，他说：

> 那时候他想死，绝不是如作家和记者们想象的那样——因为感到自己再不能为这个世界做什么贡献了。他压根儿就不具备英雄的气质。他那时盼望着死，只是因为——恰恰相反，感到再也得不到什么了。得不到什么了呢？都是些什么呢？却模糊。至少是这么一回事：二十岁，青春的大门刚刚向他敞开，却就要关闭；那神秘、美好的生活刚刚向他走近，展露了一下诱人的色彩，却立刻要离他远去，再也与他无缘了。

从"绝望"到"希望"——史铁生的心理传记分析

从这段话可以看出，他当时有自杀的想法并非是双腿瘫痪的事实给他造成的困惑，而是他对这个事实可能会产生的后果进行了主观加工，他主观地感觉到生活会因为双腿瘫痪而发生天翻地覆的变化，青春的大门刚刚向他打开之时却又要彻底关上了，美好的生活从此与他无缘了，而恰好这种主观感受是他当时无法承受的。心理学家埃利斯（Ellis）认为，一个人产生绝望或沮丧的情绪，其实这种绝望或沮丧的情绪并非事情本身所引起，而是这个人对引起沮丧或绝望的事情的不合理信念所导致（Gerald Corey，谭晨译，2010：193）。对于史铁生而言，A 就是双腿已经瘫痪这个事实，B 是他对这个事实产生的灾难化、糟糕至极等不合理的信念，C 就是他的绝望等消极情绪，结合埃利斯的情绪 ABC 理论，可以看出，并非是双腿瘫痪这个事件已经让他走进了可怕的深渊，而是他对双腿瘫痪这个事实可能产生的后果在自己的大脑中无限放大，放大成灾难性的后果，而这个后果让他完全没办法接受，从而他会选择用结束生命的方式来结束他假想中的灾难化的结局。

第三，自杀来自于他对引发重大事件原因的归因，众所周知，对事件不同的归因会产生不同的行为结果。那么史铁生对他瘫痪这一事件又是怎样归因的呢？从下面这段话可以看出他的归因方式：

> 你倒了霉，又不知道该恨谁；你受着损失，又不知道向谁去报复；有时候你真恨一些人，但你又明白他们都不是坏人；你常常想狠狠地向谁报复一下，但你又懂得，谁也不该受到这样的报复。世间有这样的事。有，你似乎是被一种莫名明其妙的力量抛进了深渊。你怒吼，却找不到敌人。也许敌人就是伤残，但你杀不了它，打不了它，扎不了它一刀，也咬不了它一口，它落到你头上，你还别叫唤，你要不怕费事你也可以叫唤，可它照旧是落到了你头上。落到谁头上谁就懂得什么叫命运了（《史铁生作品全编》第 3 册，2017：280）。

从上面一段文字中的"报复""抛""命运"等字眼可以看出，报复是指向敌人的报复，抛是外力将一个客体向外抛出，而命运往往又是一个象征性的主宰，由此看出史铁生把他的双腿瘫痪的原因归结为外部原因。具体来看，是命运把他抛进深渊，是命运错待了他，而他没有可以恨的对象，没有报复的对象，也找不到致使自己成为这样的敌人，是上帝轻轻一捻，就使他成为这样。心理学家罗特（Rotter）于20世纪五六十年代提出控制点理论。控制点理论认为，个人对自己生活中发生事件的后果，会有不同倾向的归因，亦即对生活后果的控制力量的位置有不同的理解（金盛华，1995：61）。对内控者来说，个人生活中的多数事情的后果，取决于个人在从事这些事情时的努力程度，他们相信后果总的来说取决于自己在相关事情上的投入，他们相信自己能控制事情的发展与后果。而外控者正好相反。从史铁生的行为来看，当面对生活中突如其来的重大灾难，他直觉到灾难对他而言就是一个冤案，他是无辜的。分析他的行为，如果他对这一生活事件选择内部归因，他会认为是自己的问题造成了事件的结果，他或许就会尝试着通过自己的努力来改变结果，而不是选择用自杀结束生命。可是从他行为的结果来看，此时，他把灾难归因于外部自我不可控制的因素，并且灾难产生的结果不是通过他的主观努力就能改变的，这个时候，他会产生一种无力感，进而产生绝望感，所以，他会选择放弃生命。

综合以上分析可知，双腿瘫痪这一事件是他产生自杀行为的原因。具体而言，首先，自杀是他面对重大疾病这一重大事件产生的应激反应；其次，是他对重大事件产生了不合理的信念，不合理的信念是他自杀的原因之一；最后，是他对这一生活事件的归因，当对突发事件做外归因的时候，也就意味着完全排除了自我的因素，当他觉得自我的努力不能改变现实状况的时候，他会选择自杀。

3. 历史遗留——自卑情结

自卑情结是指如果一个问题出现，某个人对此无法适应或无法解决，他在自己的意识中也承认无能为力，那么这个人这时候表现出的就是自卑情结（阿德勒，2015：34）。对史铁生而言，自卑情结可能是他自杀的一个原因，这个我们从他的访谈中可以看出。以下是胡建对史铁生的访谈录中截取的一段：

> 胡建："就像当初腿不好以后，你从别人眼里老看到一种轻视的目光，那种算不算自卑心理呢？"
>
> 史铁生："我想是，实际上就是对自己没有信心，所以对这种目光感触尤为深刻。"（《史铁生作品全编》第10册，2017：186）

从这段对话可以看出，史铁生是自卑的。首先在他的谈话中所提到的不自信就是自卑，因为自信的对立面就意味着自卑。其次对别人轻蔑的眼神"尤为深刻"，就意味着他最在乎的就是别人是否对他存在轻视，他只有对特别在乎的东西，当外界有轻微的举动，他才会容易觉察。就比如我们身上的伤口，同样的力度，完好的地方感觉不到疼痛，而伤口的位置轻轻触碰就会感到疼痛。同样的道理，这伤疤就是他的自卑，不同的力度就是来自别人的眼神。如果不是因为他本身存在着自卑，他又怎么会对别人的眼神过度敏感，并解读为是轻视的眼神？所以究其实质还是他的自卑心理作祟。

同样，他将这种自卑投射到他的其他作品中，比如在自传体小说《山顶上的传说》中，他写道：

腿刚刚残废的时候,他常常向往着一个荒岛。一个鲁滨孙式的荒岛,他一个人住在那儿。用不着一个小木屋,有一个山洞也就行了。开一片田地,可以爬着去开,反正岛上没有别人。最重要的是没有别人。没有轻蔑和歧视,也没有那么多怜悯的目光总盯着他。

在他遇到人生第一次爱情,并且这种爱情得不到现实的认同时他写道:

歧视。偏见。最可怕的不是有人追在你屁股后头喊你瘸子,而是别的一些事情。譬如:他和她走在一起,常常会遇到一些惊异的目光,那些目光在他和她的脸上来回移动,直到寻找出一些自以为相似的地方,认为他们是兄妹或者是别的亲戚,那目光才似乎是放了心。否则就总大惑不解地往他们这边瞟。(《史铁生作品全编》第3册,2017:313)

在他找工作到处碰壁的时候,他这么写道:

一个秋天的傍晚,他拄着拐杖溜出家门。好像是从地狱走到了人间,一副拐杖如同一面招牌,扭动着的双腿是一个注释。他觉得街上的人都在盯着他,都在窃窃而语。他又觉得街上的人都不屑于瞧他,人们照常有说有笑,男人飞快地蹬着自行车,女人们认真地评价着苹果和萝卜,孩子拉着小木鸭嘎嘎地跑……他希望能像一缕轻烟,立刻无声地飘散,就像从来没有出生过,一切都不存在。(《史铁生作品全编》第3册:298)

从以上几段文字中不难发现,他多次提到了"轻蔑""歧视""轻视"等词语,而重复出现的词语无疑证明了他对这些字眼的敏感,但这些字眼背后的歧视是他无法借助外部的力量消除或通过内在的力量来改变,他在自己的意识中告诉自己无法解决这种现状，并且他也表现出了无能为力的行为，比如他想找个无人的小岛度过余生，至此，他的一系列表现证明了他出现了自卑情结。首先，他的自卑情结表现在对现实中人们的眼神或动作的敏感和过度解释，无论周围的人是否对他有异样的眼神，他都会解读成一种不友好的信息，这个我们可以从他笔墨中多次提到的"歧视""轻视"等字眼中看出。其次，他的自卑情结来源于他对自己的体型和爱情的无能为力。当别人用异样的眼神打量着他和他的恋人，当别人用肯定的口吻断言他们不可能在一起，当所谓的"好人"劝他放过一个好心的姑娘，他开始变得愤怒，变得仇恨，他将这种无能为力投射到对现实的仇恨中。第三，他的自卑情结来自于生活中的阻碍和别人拒绝。当他找工作多次被拒，多次的拒绝让史铁生产生愤怒，愤怒之余又产生无助感，但是这种无力感和被拒的现状他无法掌控，当他长时间体验不到自己被需要，外加很多公共场所无形的障碍都让他产生一种多余的感觉，这个时候他希望自己能像一缕轻烟，立刻无声地飘散，就像从来没有出生过一样。所以，来自外界多次的拒绝，长时间的无助感，长时间的感觉不到自己被需要，使他的自信心严重受挫，进而对生活失去兴趣，所以他会选择自杀。阿德勒（Adler，1964）认为，在困难面前，最彻底的退缩方式就是自杀。最后，其自卑情结来自于与同龄人的比较，只要比较，就会出现比较结果，显然，比较结果会使他产生心理落差。据他生前的好友孙立哲回忆：

> 史铁生是城里王大人胡同小学千里挑一的顶尖学生，三道杠的大队长袖标在肩膀上戴了好几年。1956年秋天，正在读初二的史铁生写了一篇几千字的议论文，他对这篇文章比较满意，有理有据地陈述了自己对于理想观问题的一些思考。（李伟，2017：24）

即使初中毕业，一同去延安插队，他们还是同样的热血青年，甚至他的绘画天赋让他在一群同龄人中脱颖而出。可见，双腿瘫痪之前的史铁生拥有着比别人更为优越的条件，他优秀的成绩足以使一个青少年获得自信。可是双腿瘫痪后，与他一同插队的同学各自奔赴自己的理想，有的进大学读书，有的进军队当兵，还有的回京转干，然而他连基本的独立都存在困难，这对自尊心强烈的他而言无疑是一种巨大的打击。当他无法通过自己的努力实现生活的独立，也不能实现经济独立的时候，与他一起插队的同学已经先于他完成了人生一大步，这种落差就是导致他自卑情结产生的根源之一。

综上，自卑情结是史铁生自杀的一个原因。他的自卑情结来自于生活中人们对他的歧视和轻视，也来自于现实中多方面的拒绝，甚至同龄人之间的比较也会催化他的自卑情结，而他的自杀，是他在自卑情结之下对一系列现状无能为力的选择。

（二）涅槃之途——"希望"

史铁生并未因为不甘忍受残缺而自杀，也没有给我们呈现一个自暴自弃的年轻人甘于堕落的形象。相反，他像西西弗斯[①]一样，用自己残缺的躯体在苦难中穿行却不抱怨，他像一个修行者一样给我们呈现坚忍不拔的姿态。那么，是什么原因让他起"死"回"生"？又是什么原因让他选择拥抱生活呢？下面就从亲密关系、童年经历、心理动力来源、内在的品质等方面对这些疑问做出解释。

1. 爱的供养——亲密关系

就如史铁生自己在《病隙笔记》中说：爱才是人类唯一的救助。的确，

[①] 西西弗斯：希腊神话中的人物。由于泄露了宙斯的秘密，被打入冥界，到了冥界后告假还阳处理自己的后事而不想回去，死后被判接受永无止境地推石上山的惩罚。

他的起死回生，"爱"的力量是不可或缺的，这爱不仅是亲人之间无限包容之爱，也是朋友之间相互理解之爱。下面就从他童年的经历、母爱的力量、友谊的力量这几个方面解释"爱"之于他"再生"的意义。

（1）幸福的童年

童年，对于史铁生而言是一段幸福的时光。首先，他的父母都是工薪阶层，其家庭经济收入在当时是中等偏上，这就保证了相对较高的物质水平。据史铁生作品记载，其家庭总共四口人，一个月收入一百多块①，在上个世纪60年代，据老人们讲，那个时候小学一年级一学期的学费为8毛钱，从这个比例来衡量，他们家每个月一百多块钱的收入，在当时相当于贫困家庭一年甚至更多的收入。并且他的父母在当时都接受了系统正规的高校教育，都是当时的高级知识分子。有研究表明：父母受教育程度在对子女的教育投资方面具有正向显著作用，即父母受教育程度越高，对子女的学习设施投资和与子女互动时间投入增加（祁翔，2013）。也有研究表明父母受教育水平高、从事职业较好的家庭中的幼儿，其行为问题发生的概率较低（王争艳，2011：261）。从这个角度来看，史铁生父母较高水平的教育程度、较好的工作，在一定意义上保证了史铁生丰厚的教育资源和充裕的陪伴时间，对其未来的发展有着潜在的影响。

其次，史铁生从小由祖母全天陪伴、照顾，这有利于他安全感的获得，祖母的长期陪伴满足了小时候孩子对周围环境安全的需要，祖母善良勤劳的品质对他人格的形成也产生重大影响。史铁生在《奶奶的回忆》中写道：

    世界给我的第一个记忆是我躺在奶奶怀里，拼命地哭，打着挺儿……奶奶搂着我，拍着我，"噢——，噢——"地哼着。……奶奶是小脚儿。

---

① 《史铁生作品全编》第3册，人民文学出版社，2017年版，第169页。

奶奶洗脚的时候总会避开人。他避不开我,我是"奶奶的影儿"。(《史铁生作品全编》第3册,2017:164)

霍妮(Horney,1950)认为:自来到这个世界上,儿童早期对这个世界的知觉就是自己的弱小和孤立无助,尤其是当他们看到成年人的权力和力量时,更加会感到自己的软弱和渺小;成人对儿童的不同态度会直接影响到儿童人格的健康发展;如果父母等成人以慈爱和温暖的态度对待儿童,儿童的安全需要就会得到满足,其人格也会正常很健康地发展(叶奕乾,2011:80)。所以说祖母对他慈爱和温暖的态度使他的安全需要获得满足,同时使他人格得到正常发展,而安全感的满足、正常的人格的发展是他后期"起死回生"的内部资源。

综上所述,首先,史铁生从小生活在一个物质丰盈、父母受教育程度较高的家庭,这就保证了他获得更多的教育资源,拥有更多与父母互动的时间,更有可能接受良好的教养方式。其次,他从小生活在一个由祖母和父母组成的主干家庭,而祖母的存在保证了填补父母上班时间对他陪伴上的空缺,这就充分保证了幼年时期他对安全感的满足。而儿童良好的教养方式的获得、安全感的满足有利于他健全人格的形成,而人格具有稳定性与独特性,所以在他经历生活的重大变故之后,他童年时期形成的健全的人格会成为他获得重生的原始内部力量。

(2)伟大的母爱

在史铁生的著作中,有大量的笔墨是来怀念母亲的,从这些笔墨中我们可以窥探出母亲之于史铁生的意义。那么母亲对他的影响具体体现在哪里呢?在《我与地坛》中写到母亲在他双腿瘫痪后对他无微不至的照顾与尊重,他写道:

现在我想到，当年我总是独自跑到地坛去，曾经给母亲出了怎样的难题。她不是那种光会疼爱儿子而不懂得理解儿子的母亲。她知道我心里的苦闷，知道不该阻止我出去走走，知道我要是老待在家里结果会更糟，但她又担心我一个人在那荒僻的院子里整天都想些什么……每次我要动身时，她便无言地帮我准备，帮助我上了轮椅车，看着我摇车拐出小院，这以后她会怎样，当年我不曾想过。

在与余琴的访谈里他谈到是母亲帮他完成了他人生的第二次涅槃，他这么说：

是的，"车辙"就可以看作我心灵求索的轨迹，这条轨迹肯定是十分复杂的，有直有曲，有进有退，错杂纵横，直到最后，才完成了思路的涅槃。然而，我精神跋涉的每一笔，都有母亲的伴行。每一次挣扎都带给过母亲忧虑和哀伤，是母亲目送我走过这条长长的路。现在，我明白了母亲在那个阶段的作用，这是我的第二次涅槃。（《史铁生作品全编》第10册，2017：360）

阿德勒（Adler，1964）认为，对人格发展最重要的家庭因素是母亲。可以看出，对史铁生而言，母亲不仅赋予他生命，陪伴他成长，更是在他双腿瘫痪后扮演多重角色。首先，母亲是他的全职私人护理，无微不至地照顾他的衣食起居。其次，母亲是他心情的晴雨表，因为只有母亲才能细致入微地体察到他的喜怒哀乐，就如他在《秋天的怀念》中所言：

母亲说，还记得那会我带你去北海吗？你偏说那杨树是毛毛虫，跑着，一脚踩扁一个……她突然不说话了，对于"跑"和"踩"一类的字眼儿,她比我还敏感。

最后,双腿残废后,母亲给了他别人很难给予的尊重、理解和无条件的包容,而这些是正处在人生低谷中的他最需要的。在跟余琴的访谈中他谈道:

> 母亲对他是尊重,她试图从尊重入手接近儿子的内心,从而了解儿子帮助儿子……母亲做对了选择,使我得以在地坛治愈灵魂,然而母亲却为此押上了她最大的赌注。(《史铁生作品全编》第 10 册:360)

毫无疑问,母亲的尊重、理解、包容、爱和守护本身就像一泓清流,日积月累,慢慢融进了他干枯的血液,从而给了他活下去的理由与勇气。我们从他的另一段文字也可以看出母亲对他的重要性,当他走出漫漫黑夜,摸索着爬出谷底,在快看到光明的时候,母亲走了,他在《我与地坛》中如是说:

> 在我的头一篇小说发表的时候,在我的小说第一次获奖的那些日子里,我真是多么希望我的母亲还活着……母亲为什么就不能再多活两年?为什么在她儿子就快要碰撞开一条路的时候,她却突然熬不住了?莫非她来此世上只是为了替儿子担忧,却不该分享我的一点点快乐?她匆匆离我去时才只有四十九岁呀!

我们可以看到他对母亲的怀念,这怀念中带着一些遗憾,一方面他怀念母亲陪他走过的最黑暗的日子,他遗憾母亲的过早离世。另一方面他怀念母亲对他亦师亦友的引导,也遗憾母亲不能见证自己的成功、分享自己的成功。这时有人可能会怀疑,或许是因为母亲已经不在人世了,所以他才会独独对母亲存在怀念与遗憾,而不是别人。可是问题出现了,这个时候他的祖母也已经去世了,并且他的祖母生前对他异常疼爱,这点在《奶奶的星星》中完全可以看出,那他为啥独独在自己撞出一条生路后,那么渴望母亲能够看到,究其原因,应该是母亲独特的爱——尊重、理解和包容是他重生道路上的灯塔。

(3) 忠诚的朋友

除亲情之外,友情也是史铁生生命中不可忽略的存在。很多次是他的朋友从死神手里将他拉回来,就如在《我二十一岁那年》中,史铁生这样描写道:

> 二十一岁末尾,双腿彻底背叛了我,我没死,全靠着友谊。还在乡下插队的同学不断写信来。软硬兼施劝骂并举,以期激起我活下去的勇气;已转回北京的同学每逢探视日必来看我,甚至非探视日他们也能进来。

同样,在《在协和医院"友谊之友"座谈会上的发言》中重复出现了友谊对他的帮助:

> 那时候,我的亲人,同学,各路朋友,几乎每天都来看我;不是探视的日子他们也能进来,友谊医院的条条暗道他们都了如指掌。还在陕北插队的同学经常给我写信来,软硬兼施,劝骂并举,想尽办法让我先活下去再说。他们的计谋其实都让我看穿,但即使你看穿,这份情谊还是起作用。

W. C. 舒茨(W. C. Schuts, 1958)的人际关系三维理论认为:每个人都有被包容的需要、支配的需要、情感的需要,指个体想与他人建立并维持一种满意的相互关系的需要,以及个体爱他人或被他人所爱的需要,这种需要得到满足之后,个体就会产生沟通、相容、相属以及同情、热情、喜爱、亲密等行为特征(肖旭,2012:254)。从他的回忆中可以看出,在史铁生双腿瘫痪之前,他就已经获得了友谊,这份友谊更多来自与他一起插队的同学,由于彼此之间共同的经历,从而使他们更容易建立良好的同伴关系。他在《插队的故事》中写道:"其实我最愿意这么大家在一起热热闹闹的,有男的有女的,都差不多大,到一个遥远的地方去干一点什么事"。而他拥有的这些友谊是一种良性的相互关系,这种关系存在的条件就是彼此间相互需要,在这种关系中,个体学会爱与被爱,获得沟通、相容、同情、热情、喜爱、亲密等特质。这些特质作为他内心雄厚的情感资本,使他愿意接纳友谊,特别是在病程当中更渴望友谊,因为友谊属于同龄人之间的相互关系,是亲情所无法替代的。就像他在《我二十一岁那年》中所写:"一过中午,我便直着眼睛朝大街上眺望,尤其注目骑车的年轻人和5路汽车的车站,盼望着朋友们来"。可见,在病床上,即使他对这突然的变故产生绝望,但其内心并非孤立无援。反过来,他拥有的这些友谊以及他形成的这些特质,在他人生的低谷中,有形无形地给了他向上生长的力量,并且这是一股由外向内的力量,会拉着他、陪伴他、帮助他走出泥潭。

2. "我"之和解——自我同一性的确立

自我同一性的形成意味着,个体"过去的我""现在的我"和"未来的我"之间能很好地和谐统一,即将"现实自我"和"理想自我"很好地结合。如果个体在这个阶段能够安全地度过,形成自我同一性,那么他就会顺利发展,获得一种满意的社会角色(郭本禹,2009:228)。自我同一性的获得表现在两个方面,一个方面要解决的是"过去的我"和"现在的我"的关系问题,即完成青少年时期未完成的心理事件,修复心理创伤。第二个方面就是需要解决"现在的我"和"将来的我"的一致性问题。

对于史铁生而言,一方面需要解决"过去的我"和"现在的我"的关系问题。我们前面已经提到，史铁生从小生活在一个物质富裕、亲人陪伴、家庭教育良好的家庭。根据埃里克森的八阶段理论，在他同一性危机之前，他安全地度过了婴儿期、幼儿期、儿童期几个阶段，并且获得了希望、意志、目标、勇气、能力等品质。他之所以会出现同一性危机，自我角色混乱，上文也有解释，更多的是他突遭生活的一连串变故，双腿突然瘫痪，从此被"种"在轮椅上，让他无法接受这样的自己，也让他抱怨命运的不公，母亲的突然去世让他生活雪上加霜，这些变故使他自我同一性的确立遇到严重阻碍，因此他遭遇变故之前的自我与变故之后的自我之间出现了严重的矛盾。显然，变故之前，他的自我效能感较高，而之后，他的自我效能感出现严重偏低，而要解决这一矛盾，他就需要提升"现在的我"的自我效能感，只有"现在的我"感觉与"过去的我"差不多或者优于"过去的我"，他就可以解决自我认同混乱的问题。那么他为了使"现在的我"赶上或优于"过去的我"，他做了什么呢？前面有提到，第一步他先尝试画彩蛋，让自己经济独立，可以自己养活自己，这是他跨越的第一步，无论怎样，他靠自己的双手让自己独立起来了。当他经济独立之后，第二步，他就想到不但要活着，而且要体面地活着，所以他尝试着通过学英语而做翻译，至此，他有了自己的目标与理想。第三步，当第二步因种种主客观原因而无法实现的时候，他选择了一条他能干并且有干好的可能性的路，那就是写作。残疾之后带来的痛苦、压抑、失落、绝望，都可以在写作中得到释放。他前期的小说里，到处都充斥着残疾人内心的苦闷和脆弱即是证明，或许我们可以说，正是因为史铁生在写作中释放了内心对苦难遭遇的不满，他才有更加深入理解死亡和人生意义的可能。史铁生从事写作之后就不再那么执念于自杀了，这使他的生命重新获得了安全感。当他通过写作发泄自我、发现自我，从而也使得"过去的我"和"现在的我"达到和解，这个时候他的自我同一性问题就会慢慢解决。

第二个方面，史铁生需要解决"现在的我"和"将来的我"之间的一致性问题。要解决这个问题,就不仅仅是活着就可以的。他需要找到能证明自己价值的途径,这里的价值是通过写作给读者的精神带去一点什么,以证明自己的社会存在,笼统而言就是为读者提供一种看待世界的角度。就如他在《我与地坛》中所言:

> 为什么要写作呢?作家是两个被人看重的字,这谁都知道。为了让那个躲在院子深处坐轮椅的人,有朝一日在别人眼里稍微有点光彩,在众人眼里也能有个位置。

弗洛伊德认为,升华是一种最积极的富有建设性的防御机制,它将本能的冲动或欲望转移到为社会许可的目标或对象上去(李宝峰,2005:81)。就如他在《我与地坛》中所写,史铁生之所以选择写作,是因为写作是被社会所尊重的一个职业,他可以通过写作让那个躲在院子深处坐轮椅的人有朝一日被社会认可,可以通过写作将内心想要证明自己的冲动合理化地实现,也可以通过写作实现自己渴望与别人平等的欲望。随着他的作品不断发表、获奖,他成功地得到了社会的认同,同时在这种认同里他找回了自信,从而形成了新的自我认同。并且,随着其作品影响度的逐渐扩大,他形成了自己新的交际圈,新的环境让他感受到被需要和被认可,在这个过程中他重新找回了归属感,从而得到了自尊和爱的能力。所以说他通过写作这种自我升华的防御机制,让自己被社会认可,并且这个被认可的"现在的我"正好是过去其设想的"将来的我"的样子,他很好地实现了他写作之初的目的,让那个躲在院子深处坐轮椅的人确实在别人眼里大放光彩,在众人眼里他也有了自己独特的位置。这个时候,他"现在的我"和"将来的我"之间的矛盾已经解决,他完成了成年早期未完成的事情,这就是他未来在写作途中越走越远,并一步步实现自我的一个很重要的原因。

3. 价值的追寻——内部心理动因

如果说使他"起死回生"的外部力量是母亲的包容与尊重、祖母的陪伴、朋友的支持，那么他内心深处想活下去的动力来源又是什么呢？他在《我与地坛》中这样写道：

……一个人，出生了，这就不再是一个可以辩论的问题，而只是上帝交给他的一个事实；上帝在交给我们这件事实的时候，已经顺便保证了它的结果，所以死是一件不必急于求成的事，死是一个必然会降临的节日。这样想过之后我安心多了，眼前的一切不再那么可怕……剩下的就是怎样活的问题了。(《史铁生作品全编》第6册，2017：36)。

你说，你看穿了死是一件无需着急去做的事，是一件无论怎样耽搁也不会错过的事，便决定活下去试试？是的，至少这是很关键的因素。为什么要活下去试试呢？好像仅仅是因为不甘心，机会难得，不试白不试，腿反正是完了，一切仿佛都要完了，但死神很守信用，试一试不会额外再有什么损失。说不定倒有额外的好处呢是不是？我说过，这一来我轻松多了，自由多了。

这是史铁生看了卓别林的喜剧《城市之光》后得到的启示：既然死只是一个结果，而这个结果迟早都会到来，并且自己可以掌握这个结果什么时候到来，那为什么急着去死呢？何不趁着这个结果还没有到来之前做一些事情呢？如果尝试了不行再死也来得及啊！就像他的小说《毒药》中的老人一样，当手里面握着掌握自己生死的毒药之后，反而对死不再那么感兴趣，而是尝试着再活几年。同样的道理，如果一个人已经跌落到谷底了，那么只要他愿意动一步，都是前进，即使情况再糟糕，还是在谷底啊，所以，还在担心什么呢？如果使得史铁生暂时放下死亡，愿意尝试活着的初衷是因为卓别林喜剧中的一句话，那么促使他走出困境的内部动力又是什么呢？

首先，还是超越自卑的动力。阿德勒（1964）认为，每个人都有某种程度的自卑感，因为每个人都无法生活在绝对满意的环境里，在这种相互比较中，就会产生相对的自卑感。为了摆脱这种自卑，人们便在寻求变化与超越。人天生有种向上发展的心理，没有人甘愿长期忍受这种自卑感，他必然会让自己进入一种结束自卑的紧张状态中，使自己拥有一种"优越感"（阿德勒，2015：36）。如果说每个人都或多或少地存在自卑的话，这种自卑的程度在史铁生身上应该是加倍的，他的自卑不仅来自于他作为一个人而具有的一般性自卑，他的自卑更来自于他自身身体器官的缺陷。阿德勒认为，心理上的缺陷更多的是由于身体上的局限导致的。一个人有了自卑感后，就会产生一种压力，于是这个时候就必然需要补偿，他就会期待朝向优越感的努力，通过努力成为某个领域的高手来克服这缺陷。

这种补偿在史铁生身上是明显的。他在有了活下去的想法后，他就会试图干点什么，他曾尝试着画彩蛋，画彩蛋虽然他干起来没有难度，完全可以胜任，但这个工作仅仅是让他可以养活自己，而不是自己理想中能体现他内心的价值的工作，换句话说，从事画彩蛋的工作并不能真正意义上让他战胜原本的自卑，也不能作为他对自卑的补偿。所以他才有了自学英语想当翻译的想法，当然这个学习英语本身的困难他可以克服，但是，由于当时对英语翻译的市场需求没有像后来那样旺盛，并且他自己的身体状况对翻译工作存在着限制，没人找他当翻译，最后只能作罢，也就是说，想通过翻译让自己的价值体现出来这条路是行不通的。最后他尝试着学习写作并取得成功，这里要说他能够从事写作的原因是基于：第一，他觉得自己内心有很多东西，他必须表达出来；第二，写作不仅能够表达他内心的想法，而且写作作为一种无言的倾诉本身是一种自愈，他能从写作中感到充实、快乐和挑战；第三，最重要的一点是他觉得"作家"是两个被人看重的字，言外之意就是他成为了作家之后，他才有可能被人看重，才能在社会上有自己存在的价值，拥有了自己的价值之后，这种价值感、存在感可以补偿他对自己身体残缺引起的自卑。就像他在一个访谈中谈道：

> 写作可以看成是我前期的一种生存自救，到后来走着走着才想明白，其实这么些年来所追求的东西，最重要的是一个价值感。活着要有点价值，你就要干点什么。(《史铁生作品全编》第 10 册：173)。

所以，从他逐步选择从事的工作中可以看出，他的每一步其实都是超越。直到他最终选择写作，并且随着作品发表，他通过自己的努力得到外界的认可，而"残疾"也不是他唯一的标签。这个时候，他完成了对自卑的补偿，真正意义上克服了残疾本身带给他的自卑。所以说，自卑是他走出困境的动力，更是他超越自己的动力。

其次，他的动力来自于向上生长的本能。人本主义心理学家罗杰斯（Rogers）认为，人是不断前进的。所有人类，包括其他有生命的有机体，都具有求生、发展和提高自身的天赋的要求（叶奕乾，2011：228）。史铁生说死是一件不必急于求成的事情，死是一个必然会降临的节日，然后剩下的就是怎么活的问题。从人类生存的状态来说，只有生和死两种状态，当想明白死是一个必然结果，那么他就自然而然地想着怎么样活着并活的更好，怎样活着才有意义，怎样才能实现自己的价值，这就是生命体求生、发展和提高自己的天赋的过程。可以说，他的每一步探索都可视为是为了"生"而对自己的局限性所做的突破。

再次，他的动力来自于低层次需要的满足。根据马斯洛（Maslow）的需要和动机理论：当一种需求被平息之后，另一种更高级的需求就会出现，转而支配意识生活，并成为行为组织的中心，而那些已满足的需求不再是积极的推动力（叶奕乾，2011：201）。就像他在《康复主义断想》中写的：

> 只有人才不满足于单纯的生物性和机器性，只有人才把怎样活着看得比活着本身更要紧，只有人在顽固地追求并要求着生存的意义，因而只有人创造出了灿烂的文明和壮丽的生活。

他在给他的好友柏晓利的信中也写道：

> 我现在没有退路可退，退等于死，只有努力学习，拼命向上，争取能为人民做出有益的事情，从而使这也许是不长的后半生过得有意义。不过，我的努力也可能要得到一事无成的结果，但即使我的努力注定如此，我也没有丝毫理由不去试试。"置之死地而后生"是有道理的。

可以看出，当史铁生找到了第一份画彩蛋的工作，能够养活自己，这个时候画彩蛋这份工作解决了他低层次生理的需要，当基本的生理需要满足之后，他更高层次的精神需求就会出现，所以他会不断地追问自己活着的意义是什么？活着的价值又是什么？就像上文中他自己提到，他想做一些对人民有用的事情，让自己的后半生过得有意义。所以，他放弃原本画彩蛋的工作，是因为他的基本生理需求已经得到满足，而画彩蛋的工作不能满足他已经出现的更高层次的需要，他选择写作是更高层需要出现导致的必然结果。他用文字作为工具，用苦难作为文本，用思考作为脉络对自我内心进行探索，从而给读者呈现一种对待生命的态度，对待世界的视角。

综上，对他追求超越的动力来源，上文从自卑的补偿心理、向上生长的本能以及低层次需要得到满足几个方面给出了解释。

4. 命运的赠礼——内在品质

对史铁生向死而生内在原因的分析，除了内部心理动力，是否还与他本身的内在品质有关系呢？是否他自身具备的一些优秀的品质让他获得了外界的帮助，他是否具备自我实现者的特质呢？以下将从人格特质以及自我实现的特质两方面对其进行分析。

第一方面，人格特质。荣格说性格决定命运，一般在心理学中，性格指一个人的品行道德风格，它是人格结构的一个重要组成部分，是个人有关社会规范、伦理道德方面的各种习性的总称，是不易改变的、稳定的心理品质，如诚实、坚贞、善恶、好坏、价值观等价值评价的心理品质（黄希庭，1982：476）。在史铁生身上有什么稳定的、帮他度过危机的心理品质呢？据他生前好友孙立哲回忆：

> 1978 年，我作为"四人帮流毒"被拉回延安接受批判，铁生亲自替我写检查交待材料，摇着轮椅四处求人援救，最后与作家柳青、画家靳之林以及知青杨志群、王立德、邵明路、刘亚岸等上书胡耀邦等领导，递交陕北老乡的"万人折"陈情书，把我"捞"回北京。（孙立哲，2013）

他的另外一个好友李燕琨在纪念史铁生的文章中也写道：

> 铁生在那些年都给了我很多的帮助和鼓励……那些年每年正月初三，铁生摇着轮椅，从北新桥到东单，再从东单到天安门东标语塔，在寒风

中，等待着，等待着我比赛归来……并且在那个物资匮乏的年代，铁生能够为他手工小作坊因意外造成小腿骨折的伙伴送去一个月的奶票。（李伟，2017）

从上面可以看出，即使在特殊时期他处于泥沼中，但他并没有独善其身，而是选择为朋友两肋插刀，这体现出了他友爱的品质；在寒风中接连几个小时等待朋友比赛归来，只因为答应了朋友要去加油，这体现了他忠诚的品质；在自己物质条件并不丰盈，还处在生活窘迫中的情况下，却能够给受伤的手工作坊里的同伴送一个月的奶票，体现了他无私的品质。这就可以解释为什么在他双腿瘫痪之后、在他后来生病期间，有那么多朋友给了他大量物质上的帮助、精神上的支持。正是他本身的这种真诚、宽厚、善良、博爱的品质吸引了与他志同道合的朋友，也使他获得了醇厚的友谊，而这友谊不仅是他成长之路重要的因素，也是他在困境中让他向上生长的外部力量，更是自我探索途中不可或缺的内在资本。

第二方面，自我实现的特质。马斯洛认为自我实现者具有能准确地知觉现实的能力，能悦纳自己、他人和周围的环境的能力，具有超然于世的品质和独处的需要（叶奕乾，2011：218）。对史铁生而言，首先，他具有能准确地觉知现实的能力，他在《在友谊医院"友谊之友"座谈会上的发言》中有这样一段：

总之，千万别把自己封闭起来，你要强行使自己走出去，不光是身体走出屋子去，思想和心情也要走出去，走出一种牛角尖去，然后你肯定会发现别有洞天。萨特说"他人即地狱"，其实，他人也可以是天堂。地狱和天堂都在人间，地狱和天堂是人对生命以及对他人的不同态度罢了。向友谊、爱、敞开自己的心灵，是最好的医药。

以上可以看出，无论是他之前封闭自己，还是他走出这种封闭，他都能够清楚地认识到残疾人的处境，并知道应该让自己的身体向外与人接触，更应该打开心扉，接受并播种友谊和爱，因为爱是解开残缺、愤恨的唯一钥匙。

其次，他能够悦纳自己、他人和周围的环境。在与张专的访谈中他谈道：

> 关于残疾我也有一些看法。我的残疾主题总是人的残疾，而不是残疾人。一切人都有残疾，这种残疾指的是生命的困境，生命的局限，每个人都有局限，每个人都在这样的局限中试图超越，这好像是生命最根本的东西，人的一切活动都可以归结到这里。(《史铁生作品全编》第 10 册：157)

这里，他看到了残缺的普遍性，进而延伸到了全人类的局限性，就像他自己所说，他的残疾就如同长跑运动员不能突破自己一样，都是局限性。这里的局限性也就是他一直强调的残疾情结，这个残疾情结与阿德勒的自卑的普遍性有着同工异曲之处，史铁生觉得正是人的局限性，万事万物的不完美才推动了人类历史的发展，推动了经济社会的发展，推动了个人自我的发展。因为他认识了残疾情结，即残疾的普遍性，所以他释怀了命运对他的不公，他接受了自己残缺的身躯，接受了自己曾经受伤的灵魂，并通过自我向内思索而治愈了自己，认同、接纳了自己。

第三，他具有超然于世的品质和独处的需要，以及具有哲理性的反思。史铁生在《诚实与善思》一文中谈道：

> 诚实与善思乃人之首要，诚实就像忏悔，根本是对准自己的。所以人要有独处的时间，以利反思、默问和自省，而善美之思不得不始于诚实，而不思不想者又很难弄懂诚实的重要……

他也曾谈道：

> 生命的意义本不在向外的寻求，而在向内的建立……把握现实与自我，正说明我们不能指望没有困境，可我们能够不让困境扭曲我们的灵魂。于是有一种具有更博大的胸怀、更深刻的智慧、更广泛的爱心的人类，与天地万物合成一个美妙的运动，如同跳着永恒的舞曲。(《史铁生作品全编》第 10 册：157)。

可以看出，史铁生具有诚实的品质，这种诚实不仅仅是指向外界世界的不撒谎和不欺骗，而是对准自己的独处的空间，是反思、是默问、是自省。这种诚实就是无需监督的自觉，在独处的闲暇时间里，用思考、反问过滤自己内心的杂尘。这就解释了他为何总是以祥和跟从容的模样出现在世人的眼中。他不但是诚实，他更是善思的，就如同他的作品是他善思的结晶一样，他向内从内心深处挖掘，发现生命的意义，把握现实与自我，发现困境的普遍性。最后悟出人类的局限性是一种必然，困境是一种常态，但我们能够不让困境扭曲我们的灵魂。我们应该有一种更博大的胸怀、更深刻的智慧、更广泛的爱心，与天地万物合成一个美妙的运动，如同跳着永恒的舞曲。结合马斯洛自我实现者的人格特征，从以上三个方面可以看出，史铁生能够在经历磨难后认识自己、认清现实，他在经历了排斥自我、看清自我后，最终接纳自己、感激自己，他能够在这个物欲横流的社会中让自己安静下来，向内诚实地反思自己，向外客观地反思残疾人、反思社会。所以说史铁生是一个自我实现的人。

四、小结

综上，通过对主人公"死""生"原因的分析，我们不难看出，当一个人经历重大生活事件以及当这个事件的打击超过了这个人的承受能力时，他可能就会用自杀的方式来逃避事件及其产生的影响。基于以上的分析，对于史铁生的"死"和"生"的具体原因做以下小结：

他会选择自杀的原因有：第一，处于21岁的年纪，自我同一性还没有完全建立，还不具备自我一致的情感与态度、自我贯通的需要和能力、自我恒定的目标和信仰，突遭生活重大变故，自杀是一种对现实无能为力的表现。第二，自杀是面对重大生活事件的本能反应，弗洛伊德认为，人有生的本能和死的本能，当死的本能指向内部的时候，产生的结果就是自弃、自虐、自杀。自杀还是当事人对发生的事件产生的后果形成灾难化、糟糕至极的偏见，从而加深了自己对事件影响的恐惧，从而做出的非理性选择。第三，自卑情结，他的自卑不仅仅来自于自己身体缺陷的自卑，更重要的是身体缺陷带来的影响加剧了这种自卑，比如他人异样的眼神、爱情中的歧视、同龄人比较之间产生的巨大差距。这种加剧了的自卑是他走向自杀的催化剂。

然而，他最终并没有自杀，而是选择了活着，不但活着，而且有意义地活着，使他有尊严地活着的原因如下：第一，童年经历。生活在一个物质丰盈、父母受教育程度高并且教养方式良好、安全感得到极大满足的原生家庭，对他形成健全的人格提供了一种良好的基础，而人格的完整性是伴随个体长期生活的因素之一。第二，发生灾难事件后，亲朋好友的陪伴与理解，特别是来自母亲的尊重、理解以及无条件的包容，这些给了他继续活下去的理由与勇气。第三，自我同一性的最终确立。当他战胜死亡，试着去生活，并且有了生活的更好的意愿，而这个意愿通过自己的努力实现之后，他"过去的自己""现在的自己""将来的自己"之间的矛盾会随之解决，这三者之间的和解使得他形成一致的自我。第四，他有了让自己更好地活着的动力来源。首先，潜意识的动力来源还是因为自卑，自卑促使他改变自己，让别人瞧得起自己，这是最根本的也是最原始的动力。其次，是人向上生长的本能，这个本能促使着个体去实现每一个小的目标，当小的目标实现后，更大的需要就会出现，而这个更大的需要就会激励着个体实现更大的目标，从而一步步实现自我。第五，他本身的内在品质，一方面是他形成的诚实、善良、忠厚品质，这些良好的品质是他与人交往的内在资本。另一方面，是他自我实现者的人格特质，这些因素促使他最终不但活着，而且活出了自己的价值。

由上得出，无论是身体健全之人，还是身体残缺之人，都有自己的局限性。身体健全之人的无法走向完美跟残缺之人的不健全在本质上是一样的，都是一种局限性。如果这个世上找不出一个完美无瑕之人，那么就证明了局限的普遍性。这就是史铁生告诉我们的"残疾情结"。局限的普遍性就如同阿德勒告诉我们自卑的普遍性一样，要求我们不断地努力，克服自卑，超越局限，这应该是史铁生最终超越自己的根本原因。所以，对于残疾人，甚至我们普通人，爱应该是唯一的密码，爱不仅仅可以产生活着的勇气与动力，爱可以让遭受生活灾难的人们走出困境，爱可以消除歧视、偏见、不公平。甚至，生活中存在的不仅仅是身体的残缺，还有精神的残缺，我们应该避免让自己处于残疾情结中而顾影自怜，不应该逃避现实，而应该正视残疾情结，认识残缺的普遍性。残缺是一种生活的常态，局限性只是一种暂时的不平衡状态，生命的曲线在平衡与非平衡之间不断波动，这需要我们不断超越局限，这种无限的不平衡与无限的超越，应该就是我们的整个生命过程。

参考文献

阿德勒（2015）．自卑与超越．北京：中国华侨出版社．

［美］埃里克森（2015）．同一性：青少年与危机（孙名之译）．北京：中央编译出版社．

郭本禹（2009）．潜意识的意义——精神分析心理学．济南：山东教育出版社．

韩少功（2011）．他是中国文学的幸运．天涯（2），9—10．

黄希庭（1982）．普通心理学．兰州：甘肃人民出版社．

金盛华（1995）．当代社会心理学导论．北京：北京师范大学出版社．

李晓东（2013）．发展心理学．北京：北京大学出版社．

李伟（2017）．史铁生传——坚定地向存在的荒凉地带进发．长春：长春出版社．

李宝峰（2005）．人格心理学．长春：吉林人民出版社．

祁翔（2013）．父母受教育程度与子女人力资本投资——来自中国农村家庭的调查研究．教育学术月刊（9），73—79．

史岚（2012）．我和哥哥史铁生．现代青年：细节（4），66—67．

史铁生（2017）．史铁生作品全编．北京：人民文学出版社．

孙立哲（2013）．想念史铁生．青年作家（3），14—37．

［美］斯科特·A. 米勒（2015）．发展心理学研究方法（陈英和译）．北京：北京师范大学出版社．

［美］舒尔茨（2005）．心理传记学手册（郑剑虹，谷传华，丁兴祥，舒跃育，雷学军等译）．广州：暨南大学出版社．

王争艳（2011）．人格心理学．北京：高等教育出版社．

肖旭（2012）．社会心理学．成都：电子科技大学出版社．

叶奕乾（2011）．现代人格心理学．上海：上海教育出版社

叶奕乾，何存道，梁宁建（1997）．普通心理学．上海：华东师范大学出版社．

周爱保，何立国（2005）．重大突发事件的心理影响机制及个体的应对策略．河西学院学报，21（1），106—109．

郑剑虹（2014）. 心理传记学的概念、研究内容与学科体系. 心理科学（4），776—782.

［美］Gerald Corey（2010）. 心理咨询与治疗的理论及实践（谭晨译）. 北京：中国轻工业出版社.

From "Despair" to "Hope": Psychobiographical Analysis of Shi Tiesheng

Shu Yue-yu[1]　Tang Wenting

([1]Institute of Psychobiography, Northwest Normal University)

／ Abstract ／

Shi Tiesheng had a life full of ups and downs. The trajectory of his life could have been like that most of young people went to school, settled in the countryside and went to work. He could have lived an ordinary life, but the fate played a joke on him, who lost the ability to walk during his 21 years old. In the bottom of his life, he survived strongly after a period of despair, and created a miracle in the Chinese contemporary literary world. So, what was the reason for him making a change from "death" to "life", and making a splendid life? This research intends to analysis the psychological roots of transcend the limits of his own body from the perspective of psychobiography.

／ Keywords ／

Shi Tiesheng, Psychobiography, Self-actualization

走一趟生命文本的反思旅程：从文本解读的观点再看叙说心理研究

李文玫[*]

（龙华科技大学观光休闲系）

/ 摘 要 /

生命是一个值得细读的文本。本文从"叙说心理"研究出发，探究在过往的生命经验以及叙说脉络下，我们怎样说出自身的生命故事，而"说出"这个动作包含哪些意涵，及如何将叙说者的主体位置彰显出来。从叙说心理研究进入文本解读之前，首先要面对"文本就是白纸黑字""叙说者已死"及"文本有其独立性"等议题，同时要进入文本世界的浓缩性、不确定性、立体丰富性和文本的社会脉络性与文化性。对于叙说心理的探究以及进入文本的深入解读，终究是为了要贴近与理解他者，同时从文本说了"什么"以及"如何说"来理解文本脉络、

---

[*] 通讯作者：李文玫，助理教授，博士，E-mail: winniel@mail.lhu.edu.tw

兼顾个人性/心理性与社会结构/文化性，及从"互为主体"到"无我"的解读位置挪移，都是对叙说心理研究的重要提醒。

／关键词／

文本、互为主体、生命口述传记、叙说心理研究、无我

一、我们怎样说出自身的生命故事？

能够被说出或是写出的经验总是在前一刻已经发生，"叙说"是一个反身观看与对事件给出意义的过程，"书写"又是另一种历程，叙说和书写是不同的心理活动，但相同的是：人进入叙说之后，话语（Speaking）自会带领叙说的前行；人进入书写之后，文字会带领书写的前行。

（一）从几段探究生命故事的研究经验谈起

2006年的1月份，因缘际会参加了倪鸣香老师在政治大学举办的生命口述传记工作坊，整个工作坊最精彩的地方在于半页的访谈逐字稿，短短十几行的文字，就可以讨论好几个小时。更让我惊讶的是，连我们话语中的"那"字也可以讨论；工作坊中倪老师要大家说出"在这文本中你读到什么？"我举手说："我读到了沉重"，作为一个心理所博士班的学习者，读出别人口中的情绪对我而言是那么的理所当然，但是当倪老师问我说"你如何读出沉重的？"却因为那样的理所当然，而不知如何回答。依

着这样的不知如何回答，以及对于如何解读逐字稿的疑惑，让我进入了倪老师所开设的生命口述传记课程中。

2016年我带领龙华科技大学观光休闲系的专题生进行访谈、逐字稿的誊写，以及故事的书写。我发现有些学生在整理完逐字稿之后，就有办法把这些逐字稿写成故事或是分析稿，而且写的内容基本上也都还不错，我就在思考："我学习了这么久的生命叙说以及生命口述传记课程，那么我跟这些学生比较起来，我多学会了一些什么？或是说，我究竟可以教我的专题生一些什么？"①

2017年5月在一个客家小区营造南向计划的场合，一位人类学的老师这么介绍我："文玫老师的文章都是从访谈资料写出来的"，第一次有人这样介绍我，没有错，我这几年发表的文章都是透过访谈采集数据，转录成逐字稿，在反复阅读逐字稿中，经过了一连串的解读分析与诠释的过程，最后用书写的文字呈现出来。这让我思考的是："究竟这句话对我的意义是什么？"

三段生命经验分别发生在不同的社会场景脉络中，有着不同的参照对象与他者，这些生命中所出现的他者成为重要的参照，在这样的参照中人才得以更清晰地照见自身。第一个场景是心理学的博士生遇见了教育传记研究的教学者；第二个场景则是心理学的教学者遇见了观光休闲系的学生；第三个场景则是研究客家文化的心理学者遇见了研究客家文化的人类学者。人们的叙说是镶嵌在社会场景与脉络中，一是叙说的场景脉络，另一则是生命经验发生的场景

---

① 我的学习经验简述如下：2002年进入辅仁大学心理学博士班开始学习"叙说探究"，在开始博士论文客家女性的深度访谈之后，面对浩瀚的访谈资料与誊写之后的逐字稿，有种不知如何动笔写故事才能贴近叙说者的困境；因缘际会在2006年1月份参加政治大学倪鸣香老师举办的"生命口述传记工作坊"，被这样从德国教育传记学所传承下来的文本解读功力与深度吸引，开始连续4—5学期进入倪老师的课堂中学习，并参与生命口述传记的读书会至今。因此对我来说，我同时学习了辅仁大学心理所一直发展的生命叙说探究，以及倪鸣香老师的生命口述传记研究。

脉络，这些场景脉络的交代，是为了让听者/阅读者能够对于事件发生的场景有个比较清楚的想象，以进入理解的状态。

（二）我们怎样说出自身的生命故事？

然而，在这边我要进一步探问的是：上面我所呈现的究竟是"生命故事"还是"生命经验"？当我脑中浮现了上面几个我的亲身经验，而我要用文字的方式把它书写出来，我要用什么样的名词来摆放，同时安置我的这些经验？记得之前读过海德格尔（Martin Heidegger，1889—1976）论述什么叫作"经验"时，他说经验永远是前一刻发生的，因为当你反身观看、思考并且说出你所经验到的事情时，那样的经验已经在时间轴在线溜过去了（Heidegger，1927/2002）。这边文章的重点不在于论述什么是经验，我想要进一步探讨的是什么构成了"生命故事"。也就是说，当我称之为生命故事的时候，我所说出的故事和生命经验有什么关联？

在这样的过程中，几个元素是重要的：说者及听者、语言、说出、故事内容、故事发生的场景以及叙说的情境脉络。在这边第一个要谈的重点是：我们怎样说出自身的生命故事？当我们说出"生命故事"时，重点在于：故事的内容取材自所发生过的生命经验，而不是凭空捏造出来的，然而就像我们在说故事给儿童听的时候一样，我们总会在故事中添加不同的元素或内容，以让故事听起来更吸引人、更动听、更高潮迭起。然而，我们在说出自身的生命故事时，会不会也增添些什么以让故事更可听？倪鸣香认为：

> 传记叙事并非是过往生活事件的再现，其涉及了双重的折射：首先，事件作为事件，只能以追溯的方式来加以描述，这种描述总是一种诠释事件的理念化表达；其次，传记叙事只有部分是参照实质的记忆，传记叙事

中渗透着当前的旨趣与自我概念，同时也会受到叙说条件的影响而使用文化形成的集体取向之语言修辞。（倪鸣香，2014）

生命故事的叙说并不是过往生活事件或是生活经验的再现，只有部分是参照的实质记忆，我们用追溯的方式来进行描述，而在描述时已经是用一种反身观看的角度来对事件进行诠释，同时赋予一种连续性的意义。默里（Murray，2003）认为叙说的功能在于：

就是为无秩序带来秩序：说故事的时候，说故事的人尝试组织无秩序事件，并赋予意义。……经由叙说，我们开始定义自我、澄清生命的连续性，然后对其他人表达。我们会主动回忆那些我们已经完成的以及被别人制止的行动，叙说让我们能描述这些经验，并且界定自我。（Murray，2003：145—147）

阿特金森（Aktinson，1998）认为我们每天都在说故事，而说故事是人类沟通的最基本形式，将事件、经验与感觉说出来的过程中，我们会发现生命中的深层意义。而意义诠释受到叙说者当前自身的旨趣、自我概念、叙说条件的影响而有所不同，不管是在描述过往的生命事件、进行诠释或是发现意义的过程，很重要的就是符号系统——"语言"的使用。

在故事中，叙说者使用自身的语言，真实地透露并且展现他的世界观，因此叙说者的"语言"使用是重要的，乔切尔洛维奇（Jovchelovitch）与鲍尔（Bauer，2000）认为语言是可以建构一个特殊的世界观，语言并不是中立的。倪鸣香（2014）认为我们会"使用文化形成的集体取向之语言修辞"来叙述自身，语言作为我们说出自身生命故事的重要符号系统，同时透过语言我们得以进行相互的理解，不仅理解事件本事，更进一步理解故事中所承载的意义世界。

（三）生命故事是要被"说出"的

其次，生命故事是要被说出的，"说出"这个动作很重要。当我在前言的部分给叙说这样的定义时"是一个反身观看与对事件给出意义的过程"，那么透过"说出"这个动作，我们有机会进行反身的观看与意义的赋予。宋文里（2015：5）以"事事之法"来把这样的过程说得更细致，首先他引用了热拉尔·热奈特（Gérard Genette，1988）的说法，认为叙事法是由三个因素组成：story、narrative、narrating。其中讲成的故事（story）和叙说的动作本身（narrating）是很容易理解的，前者是你所听到的或是看到的"故事"本身，后者就是"说出"这个动作，而什么是 narrative？① 宋文里同时参照了保罗·利科（Paul Ricoeur，1985）的说法②，将之描述为"一种倾向于使语言出现的前语言状态"，那是一种想要做某件事情的状态：

> 它更像是一种"成竹在胸却仍无竹"的那种"能够说也正欲发言"的状态。正是闽南语说的"有法度"是也。"有法、有度"就是指"法已在此、度已在此"，因此，下一瞬间，它就会了无障碍地说了出来。（宋文里，2015：5）

这样细致的区分，说明了在"说出"这个动作之前还有一种前语言状态，一种"能够说也正欲发言"的状态。然而，在这边我想要进一步提问的是，

---

① 热拉尔·热奈特（1988）将 narrative 解释为"the discourse, oral or written, that narrates them (the stories)"（宋文里，2015：5）。
② 保罗·利科（1985）的说法则是用两分"the utterance, the statement"。两者间的关系造成一种 splitting（分别），就是"the splitting of narrative statements into descriptive statements and modal statements"（描述的陈示与样态的陈示）（宋文里，2015：5）。

我们有多少的生命经验或是有多少的状态，是能够如此顺利地进入这种能够说也正欲发言，然后顺利说出的状态？很多时候更纠结的是那些无法说出、不能说出、不说以及说不出来的状态。这种无法说出、不能说出、不说以及说不出来的状态更显得复杂，很多时候是人处在社会文化的处境中被压迫着不能说，或者是经验过于纠结复杂而说不出来，又或者是碍于文化中的道德规约而不能说，这样层层交叠而放置在个人生命的底层（夏林清，2012）。

至于可以"说出"的生命经验，在说出的历程中，话语自会带领叙说的前行，人的叙说除了带有即兴的特性之外，会处在一种"当话匣子打开就一发不可收拾"的状况，在语言中，话语不断地带出了接下来要说的话语，心理学家布鲁纳（Bruner, 2002）不完全认同语言学中所强调的"思考是为了言说"（thinking is for speaking），他认为语言和思考是相互影响的，一个人如果没有踩上一个观点，那么无法将自身的经验转化成口语，而语言的使用恰好提供了观点的形塑。事件（events）不会自发地被说出，而是在言说或是书写的过程中，透过语言，经验得以转换成口语化的事件（verbalized events）。自我可以被视为是这些口语化事件的整合体，一种后设地将混乱的经验赋予连续性与一贯性意义的过程（Bruner, 2002：73）。如此，人的自我会在不断地"说出"中形塑出来。

（四）以叙说者作为叙述主体

我们在说出自身经验的同时，"说的开启"自会带领了叙说的前行，倪鸣香（2004：29）引用弗里茨·舒茨（Fritz Schütze）所开展之叙述访谈（narrative interview），定义为："叙述访谈是一种社会科学采集资料的方法，它让报导人在研究命题范畴内，将个人的事件发展及相关的经历浓缩、细节化的即兴叙述"，有意思的在于这是一种即兴叙述，叙述访谈的进行包括三个阶段，即主叙述、回问以及平衡整理阶段①，在起始问句的开启下，叙说者开始进行叙述，直到故事讲完。

初接触时，惊讶于只要一个起始句就可以开启叙说者的叙说能量，我同时回看之前进行博士论文访谈菊子的文本时，发现很多时候我说的话都是不必要的，看似要响应对方，其实是中断她的谈话，而作为一个叙说者，她还是会完整地说她想要说的，就以2006年7月12日的访谈文本来看：

> 受："对啊，我是没办法说给人乖乖地说你就嫁给他就这个好就嫁给他的那种人，我嫁不下去啊。"
>
> 访："嫁不下去，呵呵，你也很有原则啊，要自己选。"
>
> 受："对啊，感觉不对要怎么嫁呢，生活要一辈子要怎么嫁呢？所以我老公他有一次回娘家去我家，我爸说一句话叹气说：'唉，这么多这么好的人来跟你做媒，你都不嫁，嫁一个外省的不让人回娘家的'，哈哈哈非常伤感，我老爸……"
>
> 访："他也舍不得你嫁这么远。"
>
> 受："当然啦，自己在某一部分也会觉得也满高傲的啦。"
>
> 访："嗯。你知道自己要追求什么啦！我觉得是这个啦。"
>
> 受："虽然我只有初中毕业可是我不停留在初中阶段。"

---

① 叙述访谈法主要包括三个阶段：（1）主叙述阶段：是指从报导人开始叙说到叙述结尾语出现（如：就这样子……）。叙述是在访谈者的起始句中展开，透过起始句来引导叙说者的叙述潜能。期间访谈者只是听众，不得中途打断，由叙说者自己铺排与拣选其生命史中的主轴线，过程中要积极倾听、了解叙说者的观点，并透过讯息（……嗯……）给予响应。（2）回问阶段：是要扩充叙说者的叙述潜力与叙述能量。回问之处：在话语断裂的地方、没提到的部分、看起来不重要跳过去的部分、有矛盾的地方、抽象模糊的地方。回问的内容主要奠基在主叙述的延展，其问题形式是以启动叙说者的叙述能量为前提，访谈者可将最后细节化的叙述片段再从记忆中唤出，然后再带领访谈者向前。（3）平衡整理阶段：主要在促进叙说者成为自己的专家或理论家，对自我生命历程或某特定阶段做一整体的评估，甚至将其概念化，生化出可能的人生态度与信念（倪鸣香，2006）。

（菊子访谈逐字稿）

在学习叙述访谈法之后，我重新检视自己的访谈对话，作了一个尝试，我把自己响应的话语都删除，发现一件让自己很惊讶的事情——"原来我讲的都是废话"，作为叙说者的菊子自有其叙述的脉络：

受："对啊，我是没办法说给人乖乖地说你就嫁给他就这个好就嫁给他的那种人，我嫁不下去啊。对啊，感觉不对要怎么嫁呢，生活要一辈子要怎么嫁呢？所以我老公他有一次回娘家去我家，我爸说一句话叹气说：'唉，这么多这么好的人来跟你做媒，你都不嫁，嫁一个外省的不让人回娘家的'，哈哈哈非常伤感，我老爸……当然啦，自己在某一部分也会觉得也满高傲的啦，虽然我只有初中毕业，可是我不停留在初中阶段。"
（菊子访谈逐字稿）

因此，在后来的访谈中，我尽可能地让叙说者可以完整地叙说，而没有随时地回应或提问，这是叙述访谈法给我的一个很大的启发，叙说者在主动叙说的过程中，其实是可以看见其自身的主体性与意义的建构。随着叙说的意识流，叙说者拣选过往的生命经验，同时依着叙说当下的情境以及自我的状态，将不同的事件串连起来，同时用自己的语言和方式来进行诠释。这样的叙述访谈法超越了"问与答"的模式，在问与答的模式中，是由访谈者进行主导，包括：选择主题、设计问题、将问题排序，同时是使用访谈者的语言(Jovchelovitch & Bauer, 2000)。相较于问与答的模式，叙述访谈法的主体在于叙说者，而非访谈者，这对于叙说心理学的探究中是极为重要的提醒。

我自己在接受叙述访谈时，很清晰地感受到叙说舞台上的灯光专注在我身上，我这个生命主体在叙说的舞台上被放大、被观看，同时在叙说开启之后，我就随着脑海中源源不断浮现的意识流，透过语言的说出以及身体与情感的全然投注，让它成为一个完整演出的戏码，我，一个主体性的叙说者，同时身兼导演、演员以及配乐，戏码的演出是这般即兴、无可预期，却又这般完整，因此，直到我觉得演完了，就深深一鞠躬准备下台，而观众（倾听者）从头到尾专注的眼神就是那热烈的掌声，然而，在灯光全暗之后，我其实不知道观众在那里，我只专注于要将我的生命戏码从头到尾的演完。这是叙述访谈非常吸引人的地方。

而作为说者的我，同时也是听者，在说与听之间，也才更清楚知道原来自己是这么看待一些事情的。就像我在这篇文章的一开头写下的："经验的说出让我更清楚那是什么"，而重要的是：叙说者的主体性位置必须被彰显出来。

（五）如何说出能够被他者所理解的生命故事？

当我们讨论完怎样说出自身的生命故事、说出这个动作以及以叙说者作为叙述主体时，在此要进一步探究的是，我们如何说出能够被他者所理解的生命故事？人生存在社会文化的脉络中，我们透过说故事来形塑自我的认同（Bruner, 1987; Hatch & Wisniewski, 1995; Murray, 2003; Polkinghorne, 1988; Sarbin, 1986），然而当我们在说自身故事时，如何让故事可以被当前文化中广大的听众所听懂，格根（Gergen, 2001）提出了几项人们在组织叙事结构时，会有的几个原则。

首先人们在叙说时，需要建立一个具有价值的终点（endpoint），也就是说一个比较能够被接受的故事必须建立一个目标、能被解释的事件、一种要达成或是避免的状态、显著的成果或者是一个重点（point）（Gergen, 2001: 250）。也就是说，说故事的主体会将故事朝向被文化所接受、可以被评价、有价值的结尾。那么依着这样的有价值终点的建立，叙述主体会拣选相关事件，并且依照某些规则组织事件的顺利（Gergen, 2001: 250—251）。

除此之外，故事主角性格的稳定性、因果的关联以及划界的标记（demarcation signs）等，也是说者会去考虑的原则（Gergen, 2001: 251—253），透过这些原则的运用，以让处在相同社会文化处境的听者（或是阅读者）可以听懂他所说的故事。透过这些原则所组织出来的叙事结构，就整体的叙事形式而言，格根（1988, 2001）进一步将之区分为三种基本的叙事形式，即稳定的（stability）叙事，在目标与结果的关系上保持一致，没有变好也没变坏；前进的（progressive）叙事，事情逐渐朝向变好的方向；以及后退的（regressive）叙事，呈现出状况愈来愈糟的情形。

基本上，在有价值的终点以及叙事形式的引导下，叙述主体在叙说的开启之后，会随着个人的意识流以及特定的文化叙事形式进行叙说，以说出一种可以让他者理解的生命故事。也因为如此，我们在透过故事与文本的解读要进一步理解他者时，这些叙事结构的原则与叙事的形式，变成是重要的参考。

二、文本世界的丰富与魅力

作为一个叙说研究者，在听完生命故事之后，接下来就是要透过逐字稿的誊写与分析解读来把故事写出来或是写成一篇论文，在这过程中首先会遇到的是什么是文本，而文本又具有什么样的特性。

（一）在什么是"文本"的疑惑中与文本相遇

每次在倪老师的课堂中，她总是会以一种笃定的语气，拿起手上印有文字的一张纸，指着说："什么是文本？文本就是这个白纸黑字的东西"。然后倪老师会再进一步地把纸张甩一甩说："没有其他，就是这样一张纸而已"。

作为一个叙说心理学的学习者，我总是充满疑惑与好奇："没有其他？那叙说者呢？那书写者呢？"从心理学的角度，"人"是叙说的主体，"人"也才是被研究的重点，怎么会说没有其他？当我陶醉于一种"相遇的知识"，并努力主张一种"相遇与交融：研究者、研究方法与研究参与者互为主体性的开展性历程"的方法论取向时（李文玫，2015），要我把作为主体的"人"抛开，只专注在"这个白纸黑字"的"文本"上是困难的。我知道罗兰·巴特（Roland Barthes，1915—1980）曾经说过"作者已死"的名言，在此要转换成"叙说者已死"，同时强调生命口述传记研究的对象是"文本"，借由叙述访谈与转录所得的文本，而在文本中最重要的符号系统是"语言"（倪鸣香，2014）。

从心理学出发，我其实是离不开"人"的，因此要把关注的焦点从"人"转到文本，我是很挣扎，或是不愿放下的，我的挣扎是"如果没有人，那心理学存在的基础何在？""如果我强调一种互为主体方法论取向，那么在文本中要跟谁互为主体呢？"在疑惑中，我坚持着，却也在一次一次地阅读文本中动摇着。

这样的疑惑触及了存有的议题让我紧抓不放，一个层次是我作为人的存有，当我透过语言叙说自身，语音飘荡在空气中，那个说出的"语音"就已经脱离我而独自存在，更何况是透过录音之后转录而成的逐字稿文本，也是独立存在的。当我在听录音档或是阅读自己叙说的文本时，都有一种"似曾相识""像我又不像我"的模糊感、一种隐约的存有感。我得要承认的是，那的确是出自我的生命经验以及从我的嘴里说出，然而却又如此真实地独立存在我眼前，用"多重自我"（muitiselves）（邱惟真、丁兴祥，1999）的概念来看，这里至少有三层我的存在——叙说我、文本我以及阅读我，叙说我指向在叙说情境中叙说当下的我，在文本中会呈现的语言有："我要从哪边开始讲？""我现在回想起来……""我都不敢讲，只有在这一次才说得出来……"，展现出一种处于叙说的状态。文本我则是一个复杂的概念，在文本中有一个整体我的概念，同时在文本中出现关于"我"的指称（有时会以第二人称"你"出现）都可以指向文本我，在生命口述传记研究中，文本我会是研究的重点。至于阅读我则是在事后进行阅读的那个我，透过录音技术以及誊写逐字稿的转录方式，阅读我有机会可以反身观看叙说我以及文本我说了些什么、以及如何说出那些过往的生命经验。

另一个层次则是"互为主体方法论取向"的挣扎与坚持，在这个"关系的存有"的社会中，自我置身在"关系"中，我们总是离不开他者；而我也一直坚持在叙说心理学的取向中，你与另外一个人的相遇与交融是很重要的，我一直很喜欢成虹飞（2010，2014）所提出"相遇的知识"观点，他这么诠释着"相遇"（encounter）：

> 我与你带着彼此的生命史与身份位置，以及各自所处的物质条件与精神条件（与限制），在历史的某个时刻，在地球上的某处，于社会脉络的交会点上，面对相处的一段境遇。我们的生命与社会文明，在每次相遇中积累演化成形。（成虹飞，2010：54，2014：5）

我们的生命与社会文明，得以在每一次的"相遇"中积累、演化、成形。这是一种多么浪漫的相遇，不仅我们各自的生命可以在相遇与交融中相伴前行，同时也带来了这个社会不一样的改变。因着这样的信念，我真的很坚持，如果没有"人"这个主体，那么只是读着"白纸黑字"独立于人的文本，那还有什么味道呢？

然而，如果文本真只是那硬生生的"白纸黑字"而已，我为何从2005年至今还一直参与倪老师和学生所组的生命口述传记工作小组，而没有离开呢？是"人味"，同时也是"深刻的理解"。我是个感性的人，一直坚信爱与温暖是这个世界上重要的信念，同时也在自己的教育场域中实践着；另一方面，我也是需要有自我空间的人，我不喜欢那种人与人之间过于黏腻的感觉，那负担太重。我想要带给这个世界更多的爱与温暖，但是我需要有足够静心的空间，让我自己保持在一种干净的状态。

在过去书写博士论文的时候，我处在一种深刻的情感交融，并且相伴而行的状态中，但是我常常是花比较多的时间在处理自己被勾动的情感与情绪，我认为的"互为主体"就是：要以一种真诚的态度，在生命的碰撞中坦诚相见，并且好好地面对并处理自己被勾动的情感，同时才有足够的能耐可以面对彼此，在那样的状态下，"哭"与说不出的痛楚似乎成为一种我一厢情愿认定的指标。

然而，在生命口述传记的学习课堂或是工作小组的不定期讨论中，我却感受到一种"安静"却极有力道的氛围，同时在阅读与讨论文本时可以这般深刻地理解他者。这究竟是怎么回事？先从 2006 年第一次遇到倪老师说起，当时她在台上平稳而沉痛地说着自己的乡愿，就让我好欣赏，想说怎么会有人公开地说自己乡愿呢？但是在那个当下，自己的乡愿好像也被同理与理解了。再来是，倪老师无论是在进行叙述访谈时，或是在课堂中进行文本的讨论时，都有一股迷人的"安静"的力量，静静地听着叙说者在进行主叙述，她那静静地听，却听得好深入、好有力道；每一个从嘴角边流出的"回问"都是如此精准而简要。而每一次的共同阅读文本，不知怎么回事，只要是倪老师用她的嘴读过的文本，那文本就鲜活起来，不论是文本的不确定性、丰富性或是社会脉络性，就这样浮现在整个讨论空间中。

在这边我要先回到什么是"文本"（text）这个议题，这是源自于拉丁文字源——为"编织"之意。百度百科中这么解释着文本：

> 文本，是指书面语言的表现形式，从文学角度说，通常是具有完整、

系统含义的一个句子或多个句子的组合。一个文本可以是一个句子、一个段落或者一个篇章。广义文本：任何由书写所固定下来的任何话语。狭义文本：由语言文字组成的文学实体，代指作品，相对于作者世界构成一个独立、自足的系统。(百度百科，n.d.)

而我比较喜欢的一种解释是：文本是指"一组再现的符码所组成的表意结构"，再现的符码可以有多种形式，依不同形式就会产生不同的文本，包括：书写的文本、口语的文本、仪式的文本、音乐文本以及影像的文本等。

除了这些类型之外，更广义来说，"人"也是文本，可以进行观察、进行探究。当我前面在描述倪老师的样貌时，我不也把她当成文本来观察、解读并且试图理解之？而当我们在进一步探究什么是文本以及文本的特性时，其最终目标终究是希望能够贴近他者，并且进一步理解他者，也就是说，最终还是要回归到"人"身上。而回到心理学的研究者位置上，因为对人的好奇、对人的理解而与生命口述传记相遇，同时也与文本相遇。

(二) 文本具有什么样的特性？

在这里所说的文本，虽然指向前面所说的"白纸黑字"的书写文本，但其所具有的特性，是在各类型文本中都可能具有的，而在进入文本的世界中，可以发现文本具有下列特性，也因为具有这些特性才益显其魅力所在。

1. 文本的浓缩性

当德国的社会学者弗里茨·舒茨这么定义叙述访谈时——"是一种社会科学采集资料的方法，它让报导人在研究命题范畴内，将个人的事件发展及相关的经历浓缩、细节化的即兴叙述"(倪鸣香,2004;Jovchelovitch & Bauer, 2000)——就已经说出文本的浓缩性,叙说者将几十年的生命经历浓缩成几个小时的叙说,而转誊成文本。

当我第一次进行我博士论文的书写对象菊子的访谈时,我在一字一句地转誊成逐字稿时,2小时的逐字稿,我花了至少12小时将近2天的时间才能誊完,在反复听录音档以及觉得花好长时间的同时,我突然领悟到一件事情——"菊子50年的人生经历就这样浓缩在这2个小时中,而我仅是花了不到2天的功夫就想要把她的人生经历进行再现,这样的人生经历的叙说是何其浓缩再浓缩",这样的浓缩,我可以在阅读逐字稿文本时逐一地还原、逐一地放大吗?当然不可能进行还原,但是我可以慢慢地读、放大来读,同时我更清楚知道,在听每一个生命故事、阅读每一份生命文本时,都可以感受到在文本浓缩中生命那份沉甸甸的重量。

2. 文本的不确定性

在文本中最重要的符号系统是"语言",语言的使用往往具有不确定性,人在使用语言来描述自身经验时,需要经过拣选的过程,然而语言是否可以精确地表达生命经验?不一定能够。而在语言的使用上,常常会有言外之意的情形,需要能够进一步分析与理解。另外,"透过语言中含藏之各种丰富的修辞形式,例如:隐喻、转喻、破格文体,乃至于语法—语意的功能,我们得以理解生命主体内在的意义世界"(倪鸣香,2014)。

就拿我之前在书写博士论文解读思淇的文本来看,在我第三次进行访谈时,我邀请她"从小谈到大"——"我、我上次有说就是我希……就是希望今天可以就是听你从小谈到大这样子,对,就是你",希望能听听她从重要的童年记忆开始谈起,逐字稿如下:

访:"我,我上次有说就是我希,就是希望今天可以就是听你从小谈到大这样子,对,就是你。"

受:"哇!从小谈到大?(哈哈哈)"

访:"就、就、就、就你记得的……"

受:"放这音乐会不会干扰?"

访:"ok 耶,对,ok。因为它会,就是收音,那个是远的。"

受:"好、好!因为我觉得好像,今天……对啊,就是放一点这个音乐。"

访:"就是从小到大,你的成长的历程这样子。"

受:"成长历程哪?"

访:"嗯。"

受:"成长的历程,这好像每一个人都一样。(哈哈)"

(2007/8/24 思淇访谈逐字稿,李文玫,2011:130—131)

从这段短短的对话中,可以看得出来当时我是温柔而坚定地邀请,而思淇的第一个回应:"哇!从小谈到大?(哈哈哈)"其实就透露了很多的讯息,在"哇"的语词中同时隐含着惊讶与些许的质疑,而"哈哈哈"的笑声更是要说些什么,依倪鸣香老师在课堂当中引用德国教育学者科克莫尔(Kokemohr)所言:"笑声背后往往是苦难,那么从小谈到大是不是隐含着什么样的生命苦难?或是那只是一种拒绝的苦笑?"(李文玫,2011:131)

另一个是"音乐"的元素,当叙说者主动营造叙说氛围时:"好、好!因为我觉得好像,今天……对啊,就是放一点这个音乐",似乎透过音乐的放松,好让叙说可以顺利进行。只是在当时我并没有很敏锐地察觉到这句话所呈现出来叙说者的状态,而继续坚定而温柔地邀请。只是当叙说者进入叙说时,"成长的历程,这好像每一个人都一样。(哈哈)",如果把"成长的历程"放置在台湾社会中伴随着教育体制而来的成长历程，就是一路从幼儿园、小学、初中、高中、到大学的学习成长历程；当放置在社会心理的发展阶段来看，就会是童年时期、青少年时期、青年时期、中年及老年时期。依随着这样的学习与心理发展而来的成长历程，似乎每个人都会有相类似的经历，然而，在这样的叙说中，作为叙说主体的思淇似乎想透过这样"好像每一个人都一样"的共通性来说明自己的不一样；另一方面则依旧隐含着：对于访谈者的邀请，叙说者有所不理解，并有拒绝的味道在里头，也就是说，如果每个人都一样，那么还有什么好谈的呢？或者说对于叙述主体而言，有其自身对生命历程的特有坚持与信念（李文玫，2011：131）？

"好像每个人都一样"，从这句话的语法—语意来看，当使用"好像"一词，就有一种文本的不确定性存在，而"每个人都一样"的语意究竟指的是什么？它的言外之意又是什么？上面两段的陈述就是在语言使用与文本的"不确定性"中进行所有可能的推测与分析。

3. 文本的立体性与丰富性/复杂性

虽然说文本就是"白纸黑字"，但是它不是平面的。文本是立体而丰富的，从弗里茨·舒茨提出的文本三结构——叙述、描述、评论（倪鸣香，2004；Jovchelovitch & Bauer, 2000）来看，一段文本会由自我经验的叙述、事件背景脉络的描述，以及对事件的评论诠释观点或是意义的赋予三者互相交织而成。

在语言的使用上，也会有多层次的意涵而呈显出文本的立体性、丰富性与复杂性。以我博士论文的书写对象菊子为例：

> 我就想我走了10年的成长路，我也已经演过戏了这样子，我对我的

人生的这一生这样子,我很想自己把它写下来作为我自己生命过程到50岁的一个完成,不过我没有那个能力去写……最重要的是给我自己看,我自己有过这段,我的人生有50年,……因为我觉得我生命走到50岁了,我发现自己也觉得也蛮精采的蛮丰富的,应该说也蛮丰富的,我也很想说把它记录下来,我自己对我自己的一个完成。(菊子访谈逐字稿,李文玫,2011:193)

文本中"我自己对我自己的一个完成"可能包含了哪些多层次的意涵?作为书写者的我必须要进一步去推敲,并透过文本的前后脉络进行理解,同时还要将文本放置在叙说者的社会处境脉络中来看。因此,当我自问"完成",对一个1955年生,出生在美浓客家庄溪埔寮,很想读书却因为家里贫穷以及重男轻女的关系,只能念到初中毕业的客家女性来说,具有什么样的社会意义及心理意涵?

菊子在50岁那年,决定和娘家剪断脐带关系,学做大人。此时,在经历了10年的成长课程之后,已经准备好再次梳理自己的生命经验,想要完成自传的想法是从上阿枝的心理成长课程开始萌发的,习惯用写日记的方式记载自己生活的点点滴滴,却不知如何统整。而想要完成自传,是觉得自己的生命是丰富的,是"我自己对我自己的一个完成"。

在此处,完成至少包含了四层社会社会心理意涵:"完成"是一种人生愿望的达成,写自传是生命主体这段时间的愿望,希望把自己丰富的人生经历记载下来;"完成"是人生经验的统整,透过生命故事的书写,生命主体期待自己可以把过去人生经验做个统整;"完成"是过去未完成心愿(念书)的补偿,一直很想念书却未能如愿,过去未完成,现今可以写自传,也算是心愿的另一种完成;"完成"不是静止的状态达成,而是不断改变的动态历程,而只有初中毕业的女性得以完成自传,也具有特殊的社会意涵(李文玫,2011:193)。虽然生命主体觉得自己没有能力去写，但是这样的想望依旧在心中发酵，而整段文本有意思之处在于"我自己对我自己"的一个完成，不是别人对自己的期待，也不是要写给社会大众看的，而是自己对自己丰富的人生做成一个纪录。

4. 文本的社会脉络性与文化性

所有的文本不是在真空的情境下产生的，一定有几种社会脉络性存在。一是叙说当下的情境脉络，二则是事件发生的空间场景与脉络，三则是当时整个社会文化与经济发展的脉络，如果事件的发生不放置在更大的社会情境脉络来看的话，那么在进行理解的时候，可能就会有所错置，或者发生无法真正理解的状态。

文本中的"文化性"也是重要的。人本来就是处在文化规训中，人的心理样态受到文化的形塑（Markus & Kitayama, 1991；Shweder & Haidt, 2000），就以这篇文章提到的第一个生命经验来看，我在文本中读到"沉重"的情绪，不仅仅是个人性与心理性，"沉重"情绪引发是和文化规训或是文化压迫有密切关联。而倪鸣香（2014）所提到的叙说者会"使用文化形成的集体取向之语言修辞"，说明了我们人在使用语言修辞的时候就已经隐含文化性，因此文本中的文化性是重要的。

三、文本解读的视框挪移

我在进行博士论文访谈的时候，努力地将访谈录音一一誊成逐字稿之后，突然陷入浩瀚的逐字稿与数据中，不知如何往下走，在阅读了很多叙说取向的分析诠释法之后（李文玫，2011，2015），觉得还找不到适合的方法；而也有学者主张不需要转誊成为逐字稿，透过重复地、反复地聆听录音档来进行分析，我不觉得自己可以做到这样。因此，当我带着这样的疑惑与需求进入生命口述传记的领域中时，开启了我不同的解读视野。我在这边所说的是解读文本，是一个分析拆解的过程，解读就像是拿一把刀慢慢地把"文本"拿来进行分析拆解的动作，是一种理解的过程。在这边我将呈现弗里茨·舒茨（倪鸣香，2004，2006，2014）和利布利希、图沃-玛沙奇和齐尔伯格（Lieblich, Tuval-Mashiach & Zilber, 1998/2008）所提出的论点，作为一种交迭学习的比较：

（一）生命口述传记取向的分析策略

面对与叙说典范不同发展脉络的欧洲生命传记典范，倪鸣香老师受到德国社会学者舒茨和教育学者科克莫尔的影响，因此，在课堂中她在解读并分析口述文本的语料时，通常是结合了舒茨的"理论建构分析方法"与科克莫尔的"参照推论分析"而进行的。舒茨提出两类协助理解文本的分析工具：1. 理解文本内涵的解读工具，包括叙述基本视框、文本三结构（即叙述、描述、评论）以及叙述的认知指示器之观察；2. 五个分析操作步骤：文本叙述基本视框规范分析、段落内容的架构、整体形塑、知识分析及个案间对照比较（倪鸣香，2004：27；Jovchelovitch & Bauer, 2000）。

我喜欢用简单又白话的语言来表达我的理解，现今来看舒茨所提的文本分析工具，其中的"叙述基本视框"就是叙述的"段落"，在有些口述文本中，会呈现生命阶段式的叙说，如幼儿园、小学、中学……，有些则会是议题式的叙说，如女性意识、童年经验的影响……等。而"叙述的认知指示器"，可以说是"连接词"，像是"那""然后""但是""其实""因为""所以"等，这样连接词的分析对我来说是特别的经验，原先我所熟悉的生命故事取径，强调的是故事情节的起伏与发展以及个人如何面对内在的冲突与挣扎，在这样的取向上，"情节"成为重要的分析环节。

而"段落内容的架构",如果对照利布利希等(1998/2008)提出阅读、分析与诠释叙事的四个模式,整体—内容模式、整体—形式模式、类别—内容模式、类别—形式模式,比较类似于利布利希等所说的"形式"向度,关于形式的整体性分析、以及类别—形式分析。舒茨所提的分析步骤是先依文本的解读工具进行分段落,再进行段落内容的架构,然后再进行整体形塑,诚如倪鸣香所引述舒茨在1984所发表的:

> 依据系统性规则与秩序,研究者得以从陈述活动的叙述流如何被分段来进行"叙述基本视框的分析",即所谓"分段落",并透过逐句逐段剖析该纠结经验叙述流的如何被安置,解析"自我经验叙述、事件脉络背景描述、观点评论或断言"的陈述沟通模式内容结构层次,以深入理解生命故事内文之意涵,来完成"内容架构"分析步骤。(倪鸣香,2009:31)。

舒茨强调的是使用文本解读工具,对段落内容进行"架构"分析,也就是说在分完段落之后,逐句逐段地解析"自我经验叙述、事件脉络背景描述、观点评论或断言"内容结构层次,此即前面所说的文本三结构(即叙述、描述、评论),以深入理解生命故事的意涵。

然而,利布利希等(1998/2008:126)则提到在结构分析策略上,认为心理学从文学评论领域撷取了许多有用的策略,包括:叙事类型学、叙事的进展、以及叙事的连贯性。格根(Gergen, 1988)对此有更清楚的说明,叙事的类型包括浪漫剧、喜剧、悲剧以及嘲讽剧(satire)等;叙事的进展还包括前进的(progressive)叙事、后退的叙事、平稳的(stability)叙事,这个部分默里(Murray, 2003)有进行实际案例的分析与讨论。

而分析的步骤在于,第一阶段要去辨认每一个阶段的轴线(axis),亦即剧情发展的主题焦点，在此研究者对内容的兴趣仅止于它能够对结构提供原始的数据；第二阶段是要辨认出剧情的动力（the dynamic of the plot），这可以从特殊的言说形式（form of speech）来推论，这些形式包括：1. 反映出受访者生命的特定阶段，如"这是我生命中最糟糕的时刻"；评估性的评论，像是"我的人生就是一个灰姑娘的故事"。2. 受访者对于为何选择在某一特定时间点上结束一个阶段的响应。[①] 3. 使用足以表达叙事结构要素的名称，如：十字路口、转折点、生命历程、路线、进展或是滞留原地（Lieblich et al., 1998/2008：126—130）。

除了整体性分析之外，利布利希等（1998/2008）还提到"类别—形式"分析，他们试着从叙事的语言学特征来辨认和评量情绪内容，像是副词（突然地）；心理动词（我想、我了解、我注意到）；第一人称、第二人称和第三人称之间的转换；强调/淡化语词（真的、非常、可能、好像）；倒述、离题、时间上跳跃或是沉默方式；重复某部分的表述；详细描述事件的细节（pp. 211—213）。

无论是弗里茨·舒茨的"理论建构分析方法"（Jovchelovitch & Bauer, 2000）或是利布利希等（1998/2008）的整体—形式模式、类别—形式模式都提供我们解读时可以更深入贴近文本的方式。

（二）文本解读的视框挪移

1. 文本脉络：文本"说了什么"vs. 文本"如何说"

当文本独立存在时，文本有其本身的发展脉络存在，包括在访谈者与叙说

[①] 利布利希等（1998/2008）是采用生命故事访谈法，一开始他们即请受访者先完成"阶段大纲"，再依据阶段大纲进行四个问题/方向的提问：请告诉我你对这个阶段的记忆，或是这个阶段中曾发生的重要事件；在这个阶段中，你是一个怎样的人；在这个阶段中，对你而言，谁是你的重要他人？为什么？你选择要终止这个阶段的理由。而这里所指的就是对于受访者对于第四个问题/方向的响应。

者之间的轮流说话，关于轮流说话的研究，萨克斯（Sacks，2001）有更深入的研究；还有叙说者进行叙说时所呈现在文本中的脉络，包括"说了什么"以及"如何说"，前者是文本内容，包括发生了哪些事件、与事件相关的人事物以及场景脉络、叙说者赋予的意义诠释等；后者则类似利布利希等（1998/2008）所提的结构与形式、以及格根（Gergen，1988）所区分的叙事类型，但是不尽相同。

在故事中，"情节"（plot）是最重要的，因此我向来重视生命故事的内容与情节，有了这些情节与内容，才能将生命故事的高低起伏完整呈现，也才能动人与吸引人。因此一开始在课堂中我一直被提醒"如何说"这件事情，但是我的专注点依旧放在说了"什么"——生命故事的内容上。如果用骨肉来譬喻的话，"说了什么"是肉，而"如何说"则是撑起内容的骨架，两者都是重要的。

然而，我的疑问在于"如何说"要怎么看出来呢？从叙说心理学的角度，我会比较关注于叙说者如何拣选过往的生命经验，然后说成现今呈现在眼前的故事？然而，这是另外一个议题了。呈现在我面前"白纸黑字"式的文本就已经定型了，面对文本，我能做的事情就是，这份文本告诉了我们一些什么？我花了很久的时间学习在看见故事内容的同时，也把所谓的"叙述的认知指示器"（连接词）以及文本三结构（叙述、描述、评论），放在我的解读视框中，因此在主叙述中，叙说者如何依着他的意识流进行事件的挑选与叙说，变成是我在解读文本时重要的依据，而不仅仅是把重要的事件挑选出来而已。

2. 个人性与心理性 vs. 社会结构性与文化性

作为一个心理学的研究者，常常会过于注重个人的内在心理状态，如内在的纠结经验与内心冲突，而沉溺于过于细节的心理性议题，或是将人去脉络化，仅留下共同的心理性议题探讨，这和不同的心理学典范以及典范的转移有密切关连。我在解读文本时的确很容易把焦点放置在"情绪状态""关键事件"以及"因果"的解读，尤其是因果的解读，在过往面对面的谘商关系中，被训练的要快速进行可能影响因素的分析，因此在阅读文本时，会初步地、快速地进行可能的因果推测。

然而，个人的生命镶嵌在历史、社会文化脉络中，因此，生命故事不仅仅是个人的，也是社会文化的。个人透过叙说建构自身，在个人不断叙说与书写中，个人的生命故事展现出个体所经历的整个社会历程。邓津（Denzin, 1989）认为"研究者必须把个人问题或苦恼扣连到较大的社会与公共议题"（Denzin, 1989/2000：29），而奥古斯丁诺斯（Augoustinos）与沃克（Walker, 1995：98—99）也主张："所有的认同，所有的自我建构形式，都是社会的"。

同时，个人的叙说是镶嵌在社会文化环境中，因此生活中透过代间传承及与他人共享的态度、价值、信念及行为的文化因素更是不可忽略的（Bruner, 1987；Denzin, 1989；McAdams, 2006；Minami, 2000）；麦克亚当斯（McAdams, 2006）认为生命的叙说研究是社会科学领域中跨学科的运动，旨在探索和解释人类生命及社会文化脉络下的叙说或故事，他主张人类的生命是文化文本（culture texts），可以被解释为故事（stories）；弗里茨·舒茨在解读文本时，更强调社会结构对于人所造成的影响与压迫的解读（Jovchelovitch & Bauer, 2000）。因此，看出文本中的社会结构性以及文化性是一种必要的解读视角。

3. 解读位置的挪移：互为主体 vs. 无我

当我认为"研究者、研究方法与研究参与者"之间有一种互为主体性的开展是重要时,第一次在课堂中听到倪老师说"解读文本要进入一种无我的状态",在我原先的想象中,"无我"是修行人才能达到的状态,难不成我们在进行叙说研究或是传记研究时,也是一种修行吗?我想答案是肯定的。

当"互为主体"强调的是在与他者互动中得以照见自身,透过反思建构出新的意义,并让彼此的生命得以向前;同时在"辛苦的、分裂冲突的、曲折的、反复的"历程中追寻自由的实践。因此,我们在叙说者的故事以及文本中,映照自身的生命,研究者在书写文本的解读时,往往会触动自身那些不可说、无法说或是说不出口的生命经验,这些经验透过书写他者的过程可能被好好地看见与置放。

然而,"无我"又是一种怎样的状态呢?这要进入现象学的对话中,当现象学强调回到事物的自身,保持一种"存而不论",不预设立场与方法,对现象进行直观的描述,并寻找本质性。我觉得如果要达到这样的状态,首先自身是要"清明的",不能有太多复杂而团团纠结的生命状态,即便有,至少也必须看见那是什么,以免干扰了文本的解读;其次,对于社会经济与文化对人的影响,需要有开放理解的态度,是一种贴着脉络的理解,而不是主观的、带有评价的批判。

这不是一个容易达到的状态,的确需要修练,就如同这篇文章的篇名,这是"一趟生命文本的反思旅程",生命本身就是耐人寻味、值得细细读、慢慢读、深刻读的文本,而再逐字逐句地分析堆砌,的确是可以更贴近文本的深度意涵;在完整而即兴的叙说中,的确可以透过语言看见叙说者这个生命主体的自身理论(他/她透过语言所建构出来的世界观与意义世界);在文本立体而多层次的理解中,的确可以看见社会结构、经济状况或是文化规训对于个人的约制与压迫。在这边要以2006年参加"生命口述传记研究"工作坊时,深深吸引我的一段话作为这一段的小结尾:"……文本内涵不仅呈显个体与其所处之社会、文化互动的历程，它更在个体自我铺排、建构自身故事的同时，勾勒出生命独特之自我样态与存有意义"（倪鸣香，2006）。

四、代结语：终究是为了要贴近他者与理解他者

当文本的内涵不仅呈显出生命主体与其社会文化互动的历程，同时也是生命独特之自我样态与存有的意义，那么我们解读文本的目的，终究，还是要回到如何可以更贴近他者与理解他者。①

叙说心理研究的基本信念是"人是叙说的"（李文玫，2015），人透过说故事来认识自己、认识他者与外在世界，同时人透过说故事来形塑自我的认同。诚如我在这篇文章最前面所提出的："叙说"是一个反身观看与对事件给出意义的过程，那么进行生命叙说的研究，重点就在于找出叙说者对于生命所赋予的整体性意义，亦即生命叙说者所建构的主观意义世界。人活在处境与关系之中，所建构出来的主观意义世界是社会文化性与关系性的，透过叙说探究与文本解读，我们得以进一步贴近与理解他者。

格根（Gergen，2009/2016：234—238）批判传统的科学实验研究法把"主体"（受试）隔离开来，提出"研究之为关系"的概念，并认为叙事探究是一种进入他者的途径，我当初（2002 年）进入辅大心理系的博士班就读，想要找寻的正是这样可以贴近他者与理解他者的取径，让我的生活与研究相互结合。而在这篇文章中，我试图从"叙说心理"——我们怎样说出自身的生命故事开始，进一步进入文本的世界中，再阐述研究者在进行文本解读时的视框挪移，包括了同时从文本说了"什么"以及"如何说"来理解文本脉络、

---

① 此处所指的他者，是指生活世界中所实存的他者，是活生生的人的存有。当进入文本世界中，存于文本中的所谓他者对象与论述，是另一个面向的议题，感谢审查委员所提出的意见，这个"文本世界中的他者"可以另外为文进行论述。

兼顾个人性/心理性与社会结构/文化性，以及从"互为主体"到"无我"的解读位置挪移。总的来说，对于叙说心理的探究以及进入文本的深入解读，终究是为了要在我们所生活的世界中，贴近他者与理解他者。

参考文献

百度百科（n. d.）. 文本. 2017 年 8 月 1 日，检索自 https：//baike. baidu. com/item/%E6%96%87%E6%9C%AC.

成虹飞（2010）. 生产相遇的知识. 生命探究与专业发展研讨会之发表论文，高雄.

成虹飞（2014）. 行动/叙说探究与相遇的知识. 课程与教学，17（4），1—24.

宋文里（2015）. 叙说方法论的再反思（一）：如果在雨天一个客人/叙说方法论的再反思（二）：叙事、意识与事事之法. 生命叙说与心理传记学，3，1—24.

李文玫（2011）. 离散、回乡与重新诞生：三位客家女性的相遇与构连（未出版之博士论文）. 辅仁大学心理学系，新北.

李文玫（2015）. 相遇与交融：研究者、研究方法与研究参与者互为主体性的开展性历程. 生命叙说与心理传记学，3，25—53.

邱惟真，丁兴祥（1999）. 朱光潜多重自我的对话与转化：一种叙说建构取向. 应用心理研究，2，211—249.

倪鸣香（2004）. 叙述访谈与传记研究. 教育研究月刊，118，26—31.

倪鸣香（2006）. "生命口述传记研究"研习手册. 质性研究方法研习工作坊，台北.

倪鸣香（2014）. "生命口述传记工作坊"讲义. 第三届海峡两岸生命叙说与心理传记学学术研讨会，桃园.

夏林清（2012）. 斗室星空：家的社会田野. 台北：财团法人导航基金会.

Denzin, N. K. (2000). 解释性互动论（张君玫译）. 台北：弘智文化.（原著出版于 1989 年）.

Gergen, K. J. (2016). 关系的存有：超越自我、超越社群（宋文里译）. 台北：心灵工坊.（原著出版于 2009 年）.

Heidegger, M. (2002). 理解与解释（陈嘉映、王庆节译）. 见洪汉鼎（主编），诠释学经典文选. 台北：桂冠.（原著出版于 1927 年），111—125.

Lieblich, A., Tuval-Mashiach, R., & Zilber, T. (2008). 叙事研究：阅读、分析与诠释（吴芝仪译）. 嘉义：涛石文化.（原著出版于 1998 年）.

Atkinson, R. (1998). The Life Story Interview. *Thousand Oaks*, CA: Sage.

Augoustinos, M., & Walker, I. (1995). *Social Cognition: An Integrated Introduction*. London: Sage.

Bruner, J. (1987). Life as Narrative. *Social Research*, 54 (1), pp. 11 – 32.

Bruner, J. (2002). *Making Stories: Law, Literature, Life*. New York: Farrar, Straus, and Giroux.

Denzin, N. K. (1989). *Interpretive Biography*. Newbury Park, CA: Sage.

Gergen, K. J. (2001). Self-narration in Social Life. In M. Wetherell, S. Taylor, & S. J. Yates (Eds.), *Discourse Theory and Practice: A Reader*. Thousand Oaks, CA: Sage. pp. 247 – 260.

Gergen, M. M. (1988). Narrative Structure in Social Explanation. In C. Antaki (Ed.), *Analysing Everyday Explanation: A Casebook of Methods*. London: Sage.

Hatch, A. J. H., & Wisniewski, R. (Eds.) (1995). *Life Story and Narrative*. London: Falmer.

Jovchelovitch, S., & Bauer, M. W. (2000). *Narrative Interviewing*. London: Sage.

Lieblich, A., Tuval-Mashiach, R., & Zilber, T. (1998). *Narrative Research: Reading, Analysis and Interpretation*. Thousand Oaks, CA: Sage.

Markus, H. R., & Kitayama, S. (1991). Culture and the Self: Implications for Cognition, Emotion, and Motivation. *Psychological Review*, 98 (2), pp. 224 – 253.

McAdams, D. P. (2006). *The Redemptive Self: Stories Americans Live By*. New York: Oxford University Press.

Minami, M. (2000). The Relationship between Narrative Identity and Culture. *Narrative Inquiry*, 10 (1), pp. 75 – 80.

Murray, M. (2003). Narrative Psychology. In J. A. Smith (Ed.), *Qualitative Psychology: A Practical Guide Toresearch Methods*. Thousand Oaks, CA: Sage. pp. 111 – 131.

Polkinghorne, D. E. (1988). *Narrative Knowing and the Human Sciences*. Albany, NY: State University of New York Press.

Sacks, H. (2001). Leture 1: Rules of Conversational Sequence. In M. Wetherell, S. Taylor,

& S. J. Yates (Eds.), *Discourse Theory and Practice: A Reader*. Thousand Oaks, CA: Sage. pp. 111 – 118.

Sarbin, T. R. (Ed.) (1986). *Narrative Psychology: The Storied Nature of Human Conduct*. New York: Praeger.

Shweder, R. A., & Haidt, J. (2000). The Cultural Psychology of the Emotions: Ancient and New. In M. Lewis & J. Haviland (Eds.), *Handbook of Emotions* (2nd ed.). New York: Guilford. pp. 397 – 414.

Walking Through the Reflection Journey of Life "Text": From The View of Text Interpretation to Narrative Psychology Research

Li Wen-Mei

(Assistant Professor, Department of Tourism and Leisure, Lunghwa University of Science and Technology)

／ Abstract ／

Life is a worthy text. This article begins with "narrative psychology" and explores how we tell our own life stories based on past life experiences and narrative context, what the meaning of "speaking" is, and how the narrator's subject position should be highlighted. Before beginning analyzing the text, we face importance concepts such as: "the text is this black and white things," "narrator is dead," and "text has its independence." At the same time, we must understand not only the fact that concentration of the text is uncertainty, but also the text of the social context and culture. The purpose of exploration of the narrative psychology and the in-depth interpretation of the text is to close and understand the others, then to ask "what" and "how to say" to understand the context from the text, taking into account the individual/social structure/culture, as well as interpretation of the location from "inter-subjectivity" to "antaman," which are important reminders about narrative psychology research.

／ Keywords ／

Text, Inter-subjectivity, Life oral biography, Narrative psychology, Anatman

霸王卸甲：透过自我叙说找回真实的力量

蔡健功[1,*]　陈易芬[2]

([1]桃园市助人专业促进协会)

([2]台中教育大学咨商与应用心理学系)

/ 摘　要 /

　　本文旨在阐述作者实践自我叙说的过程与转变，作者首先整理国内外学者对于故事叙说疗愈的观点与看法，并以大树的隐喻方式介绍叙事治疗。随后整理故事叙说的历程与注意事项，并阐述作者对于故事疗愈的观点与自身实践经验。作者从自身初中被霸凌的经验叙说开始，阐述自身在实践自我叙说时的发现、混乱与体悟。此外，作者也进一步描述在自我叙说中的心境转换，借以展现故事叙说的疗愈力量。接着，作者提出叙说疗愈在不同层次中的疗愈与收获，提出不同故事中的"树根"，包括：受害者、小丑与霸王。最后作者以与朋友聊天的故事作为结束，

---

*　通讯作者：蔡健功，心理辅导员，E-mail: sk2y6y6@gmail.com

认为故事叙说具有"循环性",透过不断的叙说得以一层一层的认识自己。

/ 关键词 /

自我叙说、疗愈、霸凌

一、说故事的疗愈

说故事的疗愈是叙事治疗的基本核心信念之一,叙事治疗相信来谈者可以从自己的生命故事中发现或创造出独特的自我认同,而治疗师则如同故事的"共同作家",过程中除好奇的访问外,也包括了聆听与回应,见证主角在故事中的转变与力量,进而透过巩固主角的自我认同达到疗效(White,2007/2008)。说故事的过程是一种"如实呈现自己"的状态,因为故事代表着一种视野与框架,故事的内容往往隐含主角对自己与他人的看法与感受。所以当故事被说出来的时候,主角得以"拉出一个空间"观照自己的故事、自我认同与状态。拉出一个空间让主角不再完全地被旧故事所捆绑,而能够正视问题,与问题平起平坐,而不再只是单一的受害者。主角旧有的故事被松动后,生命与故事开始流动,先前隐微或是被覆盖的故事得以重见天日,主角在这些故事中的自己也才能够回到主角身上,丰富主角对自我的多元认同。我想说故事的疗愈,是透过这样的历程出现的。

关于故事叙说的研究相当多,许多研究者认为说故事是一种追寻与了解自我的方式与路径(吴慎慎,2003;纪雅惠,2010;刘玲君,2005),有研究者甚至以故事叙说的方式来面对自己在成长中的创伤经验(陆巧岚,2010;游丽华,2010;简智君,2012)。而在我自己说故事的过程中,我发现说故事除了能让说故事的人认回与疗愈在受苦经验中的自己外，听众或读者也可能在阅读与聆听的过程中被故事的某些情节所触动，浮现出类似的情绪与经验故事。这些触动的情节往往会是读者与听众心有戚戚的部分，而能呼唤出听者与读者相似的经验，若将内心的经验与触动分享出来，则会出现故事叙说的另一种疗愈。这如同叙事治疗的"共鸣式的回响"（黄锦敦，2012），这样的共鸣不仅搭起读者与叙说者之间的桥梁，双方更透过苦痛的连接，发现自己的苦痛"被懂"，降低自己在苦痛中的孤单感，从而出现疗效。我认为这也如同谘商历程中的同理，是一种"故事性的同理"（翁开诚，2002），不单只是口语的"我懂你现在很难过、受苦"，而是全然的以自身经验的故事与来谈者同在。

也因此，国内外有许多学者都认为故事叙说对个体非常重要，周志建（2013）、斯通（Stone，1996/2000）认为人是渴望说故事的，因为个体透过说故事可以确认自己生命的样貌。金树人（2010）则认为个体完成叙说后，除了可以对原先的故事有完整的了解，还可以对故事产生新的看法。不过他也提醒，在叙说的过程中"与人对话"相当重要，因为如果只有叙说受苦的经验而没有反思与对话，这样的叙说可能转成单一的抱怨故事。国外的学者也提出相同的看法，阿迪契（Adichie，2009）在"单一故事危险性"的演讲中，提出一种故事代表的是一种理解，故事往往不仅只一种的诠释与理解角度，但人们经常习惯片面、单一与决断的来理解而形成刻板印象。我个人除重视在说故事的历程中的对话外，也特别着重说故事时主角是否停留在"我"的位置。因为在我实务与团体经验中，许多人在叙说故事的时候经常轻视或忽略先同理自身受苦的感受，而直接从"我"的角度转换到"他"的位置，急着用理性思考的方式去说服自己接受与宽恕。我认为故事如果直接以佛、儒思想的文化脉络作为叙说主体，忽略同理自己在故事中的感受，反而会让个体遭受到原先所受的苦与有苦难言的双重压力，陷入一种循环的情绪经验。但只要个体决心透过叙说去重新面对、抒发与梳理自己的故事时，会在某个时候突然停顿一下，接下来就开始叙说自己刚刚的顿悟，也对先前受苦的经验有新的理解。

我想每个故事隐含着主角在故事中的"自己"，这个自己不包含是非对错，而是象征着这个自己的形成脉络。因此说故事的疗愈并不是找到唯一真实的自己，而是在故事的流动中找回不同面向中的自己，从而用更大的框架与视野来涵容多种面向的自己。如果用大树来隐喻故事与主角的关系，我认为主角如同大树的"躯干"，而故事就像大树的根。每个树根都是一个故事，而每一个故事中都有一个自我，其中根部有粗有细，代表着大树对此关注与受影响的程度，汇集成大树（主角）的现状。然而无论根部的粗或细，都不可能以单一的故事与自我支撑整个大树，因为无论这根树根多么强壮，还是无法撑起整颗大树，大树就可能变得不安、摇晃且岌岌可危。透过说故事，主角开始在故事中找到不同的自己，可能有些雷同、有些则是矛盾，但这些自我都同时存在，并同时供给大树养分，让自我变得茂盛与茁壮。

回到自我认同的内涵，即为个体如何认同自己（廖乃慧，2011），也是一种接纳自己的某部分。叙说故事也是一种接纳，接纳自己曾经是这样子的状态（Stone，1996/2000）；接受自己、接纳自己所拥有的不完美，让自己可以完整地活下去（周志建，2013）。用说故事来面对伤痛的理解与一般治疗学派并不相同，传统的治疗学派主张透过治疗来抹除伤痛，而叙事治疗则是期望透过叙说让当事人与苦痛并存。因为叙事治疗相信，说故事也许不一定能让痛苦消失，但是透过说故事，痛苦可以变得有意义。用这样的方式，故事将成为生命的一种治疗和疗愈的力量。

综合上述，我认为故事的背后都拥有假设或预设立场，因此在说故事的历程中，我们需要用"我"的位置如实地叙说自己的故事，才能看见与解放故事背后的价值观与框架。这也是自我叙说的终极目标，透过说故事更深刻地看见自己，进一步解放自己僵化的价值观与信念。因为故事没有好坏对错，故事仅隐含着主角所在意、重视或是捆绑的东西，而主角从所叙说的故事中看见自己，进而松脱与解构自己旧有的框架。

二、故事叙说历程

一般而言，故事叙说分为三阶段，第一阶段是主角现身说自己的故事，而听众贴近主角在故事中"主观"的理解与感受，主角与听众双方透过故事彼此心意交会，共同感受到主角如何处于故事中（周志建，2012）。第二阶段为听众的回响与访问，回响时听众分享对主角故事有所"共鸣"的部分，也分享欣赏主角在故事中的那些部分。除回响外，听众还可以带着"好奇"来访问主角，邀请主角多说一些原先主角在叙说中未强调但听众欣赏或好奇的部分（黄锦敦，2015）。这阶段透过回响与访问，主角的故事除了被他人见证外，也借由听众的分享为故事注入新血与激荡，主角也从我的位置慢慢转换到你的位置上，开始理解与欣赏自己在故事中的不容易。第三，便是与叙说者一同思考："透过这个故事我可以学习到的是什么？"（Stone，1996/2000），协助叙说者整理此事件，并找到属于自己的特殊意义，也为此事件画下句点。对故事进行整体的反思如同金树人（2010）心理位移理论中"他"的位置，全面客观地对故事进行反思与觉察。

叙说的历程中，需要特别注意说故事的核心与重心在主角身上，这意味着主角无法期待透过说故事来改变他人与环境，否则说故事的疗效可能会适得其反。周志建（2012）对此提醒个体在对创伤进行故事疗愈时，必须要放弃改变外在事件的想法，回归到自我，辨识与叙说自己当下的情绪，疗愈才能够渐渐发生。我认为说故事的核心在主角身上是说故事之所以能发挥疗效的重要因素，这样的叙说方式与说书人或是坊间八卦不同，主角的故事不是他人撰写的稗官野史而是属于自己的正史。这也意味着主角在说故事的历程中逐渐卸下自己在他人前的伪装，进而转身直视原本不断追逐自己的阴影，并直呼他的

"真名"。当主角能够面对内在的阴影,其对主角的影响往往就会大幅降低,这也是说故事的疗愈之一。

主角经历故事叙说后虽然往往可以获得疗愈,却无法事先预期到获得的疗愈为何,只能在叙说的过程中直接感受到,且即便是叙说相同的故事,所得到的疗效可能大不相同。这可能说明了故事本身对个体的影响并不大,而个体如何看待与解读故事中的自己,才真正影响着个案的状态。所以当个案透过叙说对故事中的自己有不一样的看见后,就产生改变与故事疗愈。这也类似斯通(Stone,1996/2000)的主张,他认为最困扰个体的往往不是事件本身,而是事件所引发的负向情绪。因而使得个体不断重演类似受害经验的事件,将自己定位在"受害者"的角色。所以透过故事叙说历程后,主角得以看见自己不断重演的故事情节,从中寻找情节的源头,进而创造出不同的回应或因应策略。

此外,故事叙说的循环历程是持续且不可还原的,因为当我们从故事中找到部分自我的时候,整体的自我就已经产生改变。实时我们再回到原先的故事情境,也会把先前的经验、感受与他人的回响带进来,故事就此发现不可逆的变化。我们可能从瘦弱的受害者中看见自己仍有坚韧的一面,或是从孤单的情境中发现默默在旁守候的重要他人。于是故事就转变了,而故事所隐含的视野与框架也因此产生变化,自我开始流动与丰厚。所以我认为故事的某一部分疗愈是在协助叙说者从"被受迫害"转移为"主动创造",主角不再是被动地被故事所捆绑,而能够主动去撰写自己的故事。

三、霸凌事件中的角色与影响

霸凌事件一般会有几个角色:霸凌者、被霸凌者、旁观者。里格比与约翰逊(Rigby & Johnson,2005)认为在校园霸凌事件中并非扮演固定的角色,霸凌者亦可能会变成被霸凌者或旁观者。此外,每种角色对于受到霸凌事件的影响各有不同，在此分别叙述。

（一）霸凌者

发动霸凌的主要角色，麦克亚当斯和施密特（McAdams & Schmidt，2007）依霸凌行为的成因又将霸凌者分为"主动型"和"反应型"，一般大众较熟悉的类型为主动型的霸凌者，即霸凌事件中主动发起霸凌行为的霸凌类型；反应型的霸凌者会先受到他人（通常是被霸凌者）的霸凌或挑衅等具敌意之行为，从而反击产生霸凌事件，也有可能反应型的霸凌者在受到敌意之行为后，转而霸凌较自己弱小的对象，这也属于反应型的霸凌行为。然而无论是主动型或反应型的霸凌者，往往对于暴力有正向的看法，甚至有学者对霸凌者的研究发现，霸凌者心理需求约有五种，分别为玩乐、引起注意、同侪归属、追寻自我认同与报复（邱献辉，2012）。

（二）被霸凌者

系指霸凌事件中受到霸凌行为而无法拒绝的角色，又可依据意识的有无以及主、被动细分为"目的型""挑衅型"与"被动型"的被霸凌者，其中"挑衅型"又称为攻击型受凌者，此类型受凌者往往具有焦虑、易怒与攻击行为的人格特质（Sullivan，Cleary，& Sullivan，2004）。此外，当受霸凌者长期处于受霸凌的状态下，有可能产生孤立、忧郁、焦虑、低自尊与社会人际疏离等现象，并可能养成其忧郁与缺乏自信等心理状态。

（三）旁观者

旁观者又称局外人，在霸凌事件中置身事外的人，旁观者可能是受凌者的同学或朋友，在霸凌事件中因担心自己受波及而在远处观看霸凌行为的发生。一般大众可能认为霸凌事件中的旁观者受到霸凌事件的影响较小，但科卢梭（Coloroso，2003/2011）的研究却发现霸凌事件中的旁观者通常具有严重的焦虑情形，对部分旁观者而言，即便当时他们可能无法或不知道如何面对霸凌事件，但目睹霸凌事件却无伸出援手的罪恶感经常会长时间伴随者旁观者。

（四）受凌兼霸凌者

近年来也开始对于"受凌兼霸凌者"进行研究，此对象虽然占霸凌事件的少数，但因其身兼霸凌与受凌者，所以所造成的伤害比当纯为受凌或霸凌者来得大（Solberg, Olweus, & Endresen, 2007）；其在学校中属于最没安全感、无法适应各种环境的族群，通常无法受到同侪的欢迎或崇拜，与同侪的关系、连结薄弱，且最可能为长期霸凌的加害者（O'Brennan, Bradshaw, & Sawyer, 2008）。

综合上述，我认为霸凌事件对于不同的角色影响皆有所不同，其中"受凌兼霸凌者"的影响最为强烈且长久，其主要原因可能是霸凌行为本身就隐含着权力上的不对等，不断在两者游移反而造成霸凌兼受凌者在自我认同上的混乱，进而产生不信任以及无安全感，不断在霸凌与被霸凌的循环里面。但我认为透过前述故事叙说的历程，主角透过在故事叙说中的洞察与重新看见，或许能够突破霸凌与被霸凌循环。在我的自我叙说中，我发现自己的生命经验也曾经在霸凌与被霸凌循环中，但透过故事叙说的历程，我一步步看见自己不同生命故事中的角色与位置，接纳每个部分的自己，进而产生故事叙说的疗愈。

四、透过自我叙说进行疗愈

（一）自我叙说的起源：初中被霸凌的经验

最一开始促使我进行自我叙说的故事，是那段初中我被霸凌的故事，第一次的霸凌发生在初二开学的下午我与二哥交谈的时候。升初二后因为班级缩编，我被安排到新的班级，所以虽然已是升初二，我跟班上的同学却是第一次见面，仅有两个原先跟我同班级的同学，而我们本来就没什么交集，所以彼此也不熟悉。就在二哥到我班上来关心我适应状况时，有三位同学冷不防用水桶盖住我的头，朝我破口大骂，当我拿掉水桶时已经看到二哥和他们扭打成一团，连老师也听走廊上的争吵声赶来处理。虽然在这个事件中因为二哥在场，所以我仅受到惊吓，人身安全无虞，但那件事件却开启我两年被霸凌的经验。

当时二哥也正值青春期，脾气冲动且火爆，因此霸凌我的同学有一段时间不敢明目张胆地欺负我，而多使用一些调戏的方式，例如未经过我的同意就把我的东西拿起闻；突如其来帮我按摩，可能突然用尽全力后再跟我道歉说不是故意。当时的我还没有办法确认这些都是霸凌的手段，真的认同这些不是故意的说词，让这些行为持续发生。于是霸凌我的同学食髓知味，某天突然伙同许多不同班的同学在走廊上叫嚣，要我出来面对。当我被带到楼梯间时心中的警铃大响，除原先霸凌我的同学外，还有很多没见过面但一脸不友善的同学看着我。原来他们想报开学的一箭之仇，要我去找我二哥过来，说要教训他。但我并没有听从他们的指令，就是默默站在原地，任由他们谩骂。

大伙发现谩骂对我来说似乎没用，我还是站在原地一动也不动，反而是其他同学听到声音全都聚集在楼梯间凑热闹。随着围观的群众越来越多，原先叫器的同学变得越来越激动，最后大家把我围起来，开始有人动手推我。接着开始有人对我挥拳，一开始是手臂接着是头，虽然力道不大，但我自动用手阻挡或闭上眼睛保护自己。所以我眼前的画面开始一明一暗地切换，我开张眼睛看着准备动手打我的同学，他一挥拳我就伸手闭眼，准备承受冲击。这样的情况持续约一两分钟，直到我张开眼睛看到班上霸凌我的同学手上拿着灭火器朝我砸过来，我立刻闪躲，但灭火器还是砸到我的眉毛，接着从伤口流出血。大家看到受伤流血后，大伙一哄而散仅留下原先霸凌我的同学，他们似乎也惊慌了，连忙向我道歉，解释说自己也是被迫才这样做、不知道会这么严重等等，最后扶着我去保健室。

前往保健室上的路上同学一路道歉，最后我果然心软，向保健室老师说是自己打桌球时撞到桌角流血，对班导也采取一样的说辞，这件事便不了了之。当然霸凌我的行为虽没有因此中断，但强度与频率却有降低，但我想主要原因除了班上有其他同学变成他们霸凌的目标，还有其他班级也被霸凌的同学共同分担这些炮火。这样的状况便持续到初中毕业为止，甚至到初中毕业后的同学会时仍持续着，甚至因为我向女同学告白的方式过于特殊，成为同学的笑柄与话柄。

（二）故事中的自我：受害者姿态的脉络

故事叙说到这里，我看见自己在这段故事中一直呈现出"受害者"的姿态，从第一次被同学盖水桶到楼梯间围殴，从情节中不断反映出自己在暴力或冲突事件中，偏好呈现"受害者"样貌。接着我脑海中浮现出许多成长过程中符合"受害者姿态"的其他故事，我突然理解到自己的成长过程中只要与他人意见不合，就容易掉入加害者／被害者的二元对立思考与互动的方式。不仅如此，在与老师的对话过程中，他邀请我再进一步探索这样的姿态从何而来，请我回顾自己成长过程的故事，并且找到受害者的脉络。

所以我一路回溯到我的出生和成长背景，即便有许多经验我早已不记得，但从小到大却因为亲友的分享而植入我脑海中，也发现这可能就是我受害者的原型。例如刚出生的时候父母亲忙于工作，将我托给我姑姑照顾，直到一年后母亲回来后发现我不认得她，只会躲在姑姑后面，以为姑姑就是我的母亲。母亲当下决定把我接回台北照顾，但我被带走的那天却崩溃大哭，死命抓着姑姑不放，哭喊着："我不要离开我妈妈"。吵闹的声响吸引左邻右舍的注意，他们前来关心，也在往后返乡的时候经常听到长辈对我说："你就是小时候哭着要找妈妈的那个小孩吼！都这么大了！……"听到他们这样说，心里不自觉有些羞愧感，好像自己不应这样做。

此外，虽然我被接回台北，但父母亲的忙碌并未减少，父亲一早就去工作，母亲除了照顾我们三兄弟以外，还有兼职做家庭代工，除了基本的生理需求外，根本没有时间陪伴我们。上了小学后，只要一到寒暑假，父母亲就会用"返乡探亲"的名义要求我们一放假就回去，直到快开学了再回台北。此外，那时候通信方式并不发达，只能通过室内电话联系，所以我一到姑姑家打电话回家报平安后，就会与父母亲失联好一阵子，一两个礼拜等到姑姑打电话回家我才能通不到五分钟的电话，但内容多半是督促我在那边要乖、要读书等等，鲜少听到对我的思念。

有一次我实在忍不住，偷偷跑上二楼打电话，但那时候并没有区域号码的概念，居然不小心拨到陌生人家中，更加深那种与父母亲断裂的感受。那时候我实在不懂为何姑姑可以打回家而我不行，询问姑姑虽然得到答案，却被调侃一番，话语中似乎在指责我的不成熟、无知与依赖，于是我开始学会把感受放在心底不要说出来。最后我在被迫不断转换环境的历程中，重复感受到我无力为自己发声，只能以受害者的姿态存在；又因为经常来回两地游走，两边都没有家的感觉，我就只是像"过客"一样的存在。

加上我不仅是家中的么子,更是整个家族中最小的男丁,仅有一位表妹小我一些;所以每次出去玩长辈都会提醒长我几岁的哥哥、表姊们要多看着我,如果我不小心受伤,他们就会受到指责。加上我还小,根本没有办法成为他们的玩伴,大多的时候都是"拖油瓶",没有办法一起玩,反而增加他们的麻烦。但"么子"身份在社会的建构下大多是美好的,我在成长的过程中不时就听到"么子无忧无虑,没烦恼"或是直接称呼"憨子",就是没烦没恼过日子的小孩。在这样的声音下,我内心的孤单、挫败与难过是不被允许出现的,那并不符合大家对我的期待。这样的感受与经验就好像是"迷失自己的根",于是我开始学会讨好他人,就为了得到周遭的人认同,让自己能够融入团体得到归属。

于是被我命名为"小丑"的自我就此诞生,我开始在他人面前隐藏自己真实的感受,选择用讨好与迎合的口语来因应与面对,但自己的内在却越来越空虚。另一方面身为小丑的也强化了"被害者"的认同,因为为了讨好其他人,面对冲突时我更不敢表达自己的意见,只好唯唯诺诺地配合。这让我更加觉得自己是没有能力面对冲突的,也更自然而然地用"受害者"的方式存在在关系中。所以在国中被霸凌之前,我早就零星地发生了好几次"被欺负"的经验,例如同学找我去他家,按铃后反而被破口大骂、要我滚回家。即便真的到那位同学家玩,却也仍遭受到欺压而不敢说,为了维持关系打电话到工厂订假单、上厕所到一半他们硬把门撞开。面对这些"霸凌"的举动,我却笑着要求他们下次不要再这样了,这些就是霸凌,我却自欺欺人的将它视为"朋友间的游戏",要自己不要在意。

带着这样的理解回到我国中被霸凌的经验,我发现这只是"受害者"树根中的一个故事,其实我一直以来就在上演这样的故事,无论在家庭、学校或是与朋友的互动,我一面讨好也一面扮演受害者。但这些被霸凌的经验与感受仍深植在我体内,我除了用另外一种形式反击外,我也逐渐内化与吸收这些霸凌的行为与价值观，为我的霸王姿态埋下伏笔。

（三）受害者的反弹：霸王姿态诞生

压垮我最后一根稻草的事件是国中告白失败的经验，不仅失败，对我来说还成为班上同学茶余饭后的话题，我觉得自己即便躲在地洞里面还是被挖出来打，我决定不再忍耐，我要反击。这个机会很快就来了，升上高中后的第一堂英文课，我被同学取英文名字"Dick"，下课后我才知道这隐含着男性生殖器的意思，接着我又连结到初中在当地球科学小老师的时候，班上同学也用类似的发音笑我，当时我只感受到不舒服却不知道他们的意涵，只好傻笑以对。这让我更害怕再次落入先前被霸凌的情境，加上受霸凌经验的愤怒，刚好做一次爆发，我抱持着玉石俱焚的心态动手打嘲笑我的同学中最高大的一个。

这个行为看似莽撞，却是我谨慎评估后的结果，因为我不愿意再忍耐，如果失败了，我宁愿去死。于是下课后我走到那个同学旁边，用尽我全身的力气夹带着满嘴的脏话往同学手臂挥拳，咒骂嘲笑我的行为。下一秒，全部的人都愣住了，同学们没想到刚开学没几天就发生打架，被打的同学也不知道该如何响应，而第一次主动打架的我也愣住了，不知道挥拳以后应该要做些什么。这个情境有些逗趣却非常写实，因为从小到大我都是"被打"的角色，在冲突与暴力事件中我都只是负责保护自己，这一次站上攻击着的位置非常不习惯，但我努力撑着，摆出恶狠狠的嘴脸瞪着那位同学，并等待他的响应。

幸好这个同学没有还手，只有脱下外套带着威胁的语气说："你再打一次试试看。"我索性照着指令做，这样来回几次后我突然觉得有些好笑，便咒骂着离开现场，留下错愕的同学们，而我赶紧带着发抖的自己去厕所冷静，也害怕同学跑过来偷袭我。从那天起，果然再也没有任何人敢再调戏我，我的英文名字还是Dick，但再也没有人会用先前的令人不舒服的态度叫我的名字。或许同学因为我暴力的行为对我退避三舍,但至少我是安全的,我不用再面对那些霸凌的行为或举动,我甚至晋升成为霸凌者。最后,身为小霸王的我决定要切割那身为受霸凌者的自己,我决定对过去的我撒谎。

(四)自我认同的混乱:霸王、受害者与小丑的拉扯

食髓知味的我开始捏造我过去的故事,我趁着与同学讨论之前打架的事件时撒谎说我初中是个很爱打架的人,甚至混过帮派。谎言搭配着我在学校脱序的行为果然奏效,同学间开始流传关于我的谎言,加上同学之间的加油添醋,我的过去被塑造成为一个准备金盆洗手的不良分子,还有人传言曾经看过我在路上跟别人打架、样式凶猛。当然那些从来都没有发生过,但我从来不加以否认或证实,我知道对我来说最安全的方式就是含糊带过,让听的人有更多想象的空间,也更加确认我在他们心目中"霸王"的形象。

但这样的状态也让我陷入混乱,因为我没有办法维持特定的形象,而且无论是哪种形象都不是我自己愿意的,全部都是为了"在环境中生存"而衍生出来的型态。于是我不断地在这三个角色中游走,在初中同学面前我是小丑也是受害者,某一部分也被视为"怪胎";而在高中同学面前我是霸王,即便情绪不稳经常暴怒,但是平常互动至少幽默风趣,能跟同学建立朋友的关系。透过霸王的姿态,我也拥有与先前不同的人际关系,在这个关系中我不再是被贬低与边缘的一群。

但即便成为霸王的我仍逃脱不了内心空虚的包围,因为我永远没有办法让同学知道我内心脆弱、担心受挫的部分,我需要伴装对什么事情都不在乎,因为我是不良分子,我有一群不存在的朋友。所以高中那段时间想死的念头经常浮现在脑海中,我不断在想我的人生有何意义,当时的我还没有意识到无论是霸王或是小丑,那都不是我想成为的样子。但没有关系,我的考验很快就来到

了，高二的我被医生诊断长了"淋巴结"，那是淋巴癌症的前身。于是我后续的高中生活就在漫长的就医生活中结束了，并幸运地减缓甚至消退淋巴结的生长，毕业后来到大学生活。

（五）叙说的开始：成为谘商所研究生

进入大学后我投注在虚拟网络的世界，每天花超过八小时的时间在计算机前面培养与锻炼游戏角色，也试着在网络上寻求归属与成就感。我努力让自己在网络上成为被人需要的角色，但始终没有办法填补我内在的空虚与匮乏，我仍经常在独自一人的时候感觉到失落与无望，觉得自己活在世上并没有意义。但网络游戏是一款非常有效的麻药，它让我好长一段时间逃离自己内心的阴暗面，一直到我进入谘商所。

进入谘商所的过程中我转了好几个弯，退伍后自然而然成为工程师，工作几周后我开始对未来感到害怕，几经挣扎后我选择离职，想成为作家。于是我试着写作，也接一些短篇文章的案子，并着手撰写小说，但很快就遇到瓶颈。为了突破瓶颈，我开始旁听心理学相关的课程，碰巧接触到谘商，当初只是抱持着刚好有空去旁听看看的心态，没想到就一头栽进谘商。课程中老师分享自己与个案工作的经验，谈到个案的困境与不舍时，老师突然哽咽、流下眼泪，毫无保留地自在表达自己的情绪。我又惊又羡慕，会惊讶是因为我从小很少接触到这样温柔的情绪，你可以从老师的眼泪中感受到她的心疼。这也让我羡慕，当下的我问自己，从小到大的过程中，有谁愿意这样听我说话，甚至心疼我。那次的经验一直盘旋在我脑海中，也促使我再次做转换，我选择投入谘商，准备研究所考试。

考研究所相当困难，虽然我小学成绩还算不错，但初中被霸凌后就一落千丈，而高中为了保持不良分子的形象、大学都沉迷在网络游戏上面，这些年的成绩都是班上吊车尾的几名。因此对我来说，我不仅要读书从零开始吸收相关知识外，还要重新建立我的生活与读书习惯，最重要的是面对我"一事无成"的自我认同。这样的自我认同从小就被养成，其主要原因来自于出生序与成长环境，我一直认为自己没有能力做好任何事情。所以准备研究所的过程一直很煎熬，加上身为全职考生，我的焦虑与挫败感不断涌现，甚至转嫁女友身上出气，经常发生争吵。最后经过多次挫败后我总算考上谘商所，也因此踏入故事疗愈的大门。

五、故事的树根

前面我以"大树"隐喻故事叙说，在此也将自己的故事整理成三个树根，分别为受害者、小丑跟霸王，也试着说明故事叙说不同层次的疗愈。

（一）树根一：受害者

透过故事叙说，我发现原来自己从小就生长在"被动接受"的环境，也因此开始酝酿着受害者自我认同的生长。在我更长篇的故事叙说中，发现因为我是家中"最小"的男丁，从小无论在生理与反应上总差兄弟姊妹一大截，所以从小就被认为是"没有能力"照顾自己或反抗的，我也逐渐内化这些价值观。因此即便自己日渐茁壮，我仍觉得自己像是没有能力反抗的小孩、受害者，面对冲突不是畏缩就是转为愤怒的攻击。这如同马戏团中的大象，它从小就"定锚"在木桩上，刚开始，小象努力着要挣脱却碍于生理状态不够强壮拔开木桩。于是即便小象成为大象后仍以为自己离不开木桩，因此只要木桩一定在地上就放弃挣扎，乖乖顺服，在这个故事中"受害者"就是我的木桩，透过说故事，我得以重新解构它。

或许你会好奇我的木桩如何在我的生命中反复发生，在这些故事之前，我也以为初中后成为小霸王的我已经不再无能，但故事一说出来后，许多"受害者"的故事就浮现，原来不是我摆脱受害者的姿态，而是我变得没有"自觉"。例如我大学毕业后的军旅生活、工作、研究所时期与全职实习时期中都有相同的模式，尤其在意见不合或是冲突发生的时候，我就会自动成为受害者，而对方就自然而然被我拱上加害者的位置，跟我一起上演"我被迫害"的戏码。在这之前，我从来没有想过我可能是"主动"站上受害者的位置，而说故事让我看见身为受害者的自己，进而能有机会做出不一样的选择。

(二) 树根二：小丑

　　对我来说，"小丑"的树根是顺着"受害者"长出来的，身为受害者的我从小为了生存下去，自然而然发展出这样的生存策略，最后变为对自我的认同。在我更长篇的叙说中，我看见自己因为身为"么子"，除感受到无能照顾自己外，从小也经常被认为是"天真、没有烦恼"的小孩，甚至会以"憨仔"来称呼我。也因此，我自动成为家中缓和冲突与争吵的角色，就像为人带来欢乐的小丑，所以我以"小丑"来命名。但在我小丑的伪装下，我从来不表达自己内心的黑暗与负面的情绪，仅单纯地呈现欢乐的假象。这一方面加深自己内在的孤独，认为没有人懂自己，也强化了我受害者的位置，因为小丑的姿态让其他人认为自己是可以开玩笑，甚至是可以不用尊重的，于是又在互动中不自觉地成为我的加害者。

　　此外，小丑的树根也象征着我并不重视自己的感受，习惯以"小丑"的互动模式与他人相处，却不习惯表达自己内在的情绪，特别是负向的情绪，也因此，我的情绪没有机会获得抒发或缓解，只能单纯地压抑在心中，直到溃堤的时候猛然爆发，站上加害者或我称之为"霸王"的位置，又在情绪过去后开始对自己爆发的举动自责，指责自己的失控。而其他人则是一头雾水，因为他们并不晓得已经好几次踩到我的地雷，只是我隐忍不说，最后对我爆发的举动解读成一时的情绪抒发，只要暂时远离就好。情绪过后，又在互动中继续上演隐忍与讨好的历程，直到下一次的爆发。

（三）树根三：霸王

对我而言，"霸王"与"受害者"是一体两面的，从小到大，我一边承受暴力与霸凌，一边也吸收与内化这些暴力。近年来许多社会案件中，许多暴力事件中的"施暴者"在使用暴力之前，往往是其他暴力事件的受害者。无论是虐狗杀猫、霸凌、家暴与校园枪击等暴力事件，施暴者往往曾是受害者，他们所承受的暴力有些浅显易见，可能就是霸凌、家暴等的受害者。然而，除了浅显易见的暴力外，还有一种是"有苦说不出"的暴力受害者，这往往更扭曲与压迫他们的心灵。例如关系中的忽略、冷漠、冷嘲热讽、排挤与轻视等，我认为这样的暴力伤害性并不亚于外显性的暴力行为，有时候反而更加伤害受暴者。因为当受暴者向他人哭诉自己受到这些暴力行为的时候，往往会收到这样的字眼："是你想太多了啦！不要想那么多就好了！""凡事要往好的地方想啊"或者是"都是你不乖她才会这样对你，你乖一点就好啦！"这不但否定了他们的感受，也加深他们的自责感。所以他们不只受伤，伤口还被外在的言语压抑着，开始腐烂、发臭，直到最后成为施暴者。

我认为这个过程中包含了三种层次的暴力，第一层次的暴力来自于受害者"直接或间接"承受的暴力，可能包括家暴、霸凌、性侵、嘲讽与忽视等不同型态的暴力，造成受害者在心理或生理上的伤害。第二层的暴力来自于他人无法"面对"或"承接"受害者的伤痕，转而用评价、情感截断或责备的语言来压抑受害者受伤的感受，直接或间接地否认受害者的伤口，硬生生盖住正在流血的伤口，使其逐渐腐烂、溃疡。受害者最后不仅受伤，还内化了外在的语言与评价，从内在出现矛盾，一方面正在因自己所受暴力感到的苦痛，另一方面又因为苦痛而责备与批判自己，造成第三层次的伤害。于是受害者内心累积越来越多的暴力，接着在成长的过程中经常"无意识"地在互动中施加暴力，或是在不可控的状况下成为施暴者，又再失控过后产生强烈的愧疚与自责感，再次在内心对自己"施暴"，成为受害者。

"霸王"便是长期暴力下的产物，当我受到暴力对待与霸凌事件的时候，这是第一层暴力。受到暴力与霸凌后，当他人无法理解或是承受正在苦痛经验的我，甚至直接或间接地要求我忽略内在真实受伤的感受与经验时，就出现第二层的暴力。最后，我也开始检讨自己，甚至责备自己"懦弱"才让自己陷入暴力情境，开始在心里对自己施暴，产生"霸王"的型态。于是我开始武装自己的伤痕与脆弱，在人际关系与互动中出现暴力举动，又在暴力过后自责自己的不应该，在武装的盔甲中一次又一次地伤害自己、对自己施暴。透过说故事，我认回身为"霸王"的自己，更拥抱在霸王盔甲中那个受伤的自己，与自己的脆弱和平相处。于是"霸王"得以卸甲，带着伤回到我最真实的状态，不是没有受伤，而是跟伤痕和平共处，回到内心的平静。

（四）叙说疗愈的多层次性

故事叙说的疗愈可粗略分为两种，第一类型是叙说者本身的疗愈，透过说故事"如其所是"地看见自己，而每次的故事叙说都可能带来不同疗愈。例如孙佳婷与施登尧（2016）的研究中，他透过自我叙说的方式解构原先自己对于"教练"一职的认同，看见更多可能的面貌与意义；也从自我叙说中去面对与处理过往的创伤，并在创伤被处理后更能与案主产生更深入的心灵连结，这都是自我叙说所带来的第一种疗效。

以我叙说初中在楼梯间被围殴霸凌的故事中，第一次我带着担心叙说那段经验，认回当时受伤害怕的自己，打破长久以来觉得自己"懦弱胆小"的批判。第二次叙说看到了自己的力量与勇敢，即便面对如此困难的情境，我仍用自己的方式在保护我的家人。造成这些不同层次疗愈的重要因素便是"故事听众"的响应，透过听众的响应，叙说者可以更全面地看见故事不同的样貌，再从不同的视野中看见自己的力量，或是故事的"亮点"，从而在故事中找出新的可能性。

其中值得注意的是有时候故事是得以被重复叙说的，因为即便是叙说相同的故事，都会随着叙说者当下的状态而不同。例如初中被霸凌的故事我不仅说过一次，在不同的场合、对象，只要当下我有感触，我便可能说出那段故事。然而我发现即便是同样的经验，我使用的语言、形容与情绪都不一样，然后不同的听众给的回馈与访问也不一样。例如在某次叙说团体中，我从大团体中受暴的故事中连结到自己初中受霸凌经验的害怕情绪，叙说着当时渴望被拯救的感受。一位学员听着我的故事，联想到自己小孩受霸凌的经验，却是用一个母亲的角度在理解霸凌这件事。透过这个学员，我看见了父母亲面对孩子受霸凌可能的感受与反应，也激起我开始好奇如果母亲当时知道我受霸凌，会有怎样的反应？

在当时我即便在学校受到霸凌，却不敢回家跟父母哭诉，一来不符合我在他们眼中"憨仔"的形象，二来当时的家里比学校更令人提心吊胆，自从我小三、小四时，爸妈被朋友"倒会"就冲突不断，家里也进入锁国状态，几乎不跟外界亲友连络。从那时候开始，爸妈几乎两三天就会大吵，内容不外乎就是被倒的经验，因为跑路的人是妈妈的好朋友，所以爸爸不时就用指责的语气数落妈妈，当妈妈忍不住就会回嘴，便吵得天翻地覆，我跟哥哥们就会躲在房间里面，既无奈又生气。

所以我从来没有想过如果跟父母亲哭诉自己受到霸凌，事情会不会有不一样，于是课程结束后几天我便好奇地询问母亲这件事情，母亲先问："你希望我怎么做？"接着响应"其实我也不知道可做些什么，应该还是这样吧……"。没想到在听到母亲的回应后居然有种释怀的感觉，才发现当时受到霸凌的我，其实内心仍期待着心中"完美的父母"可以贴心地知道我正在受苦并伸出援手。但现实中父母亲往往并非这样的角色，这样的提问让我得以与母亲更"真实地靠近"，她不再是我想象中那样的完美，却实实在在是我不完美的母亲。

而故事叙说第二类型的疗愈则来自于"故事聆听"，在东方文化的脉络下，多数的人并不习惯以自身为主体，说自己的故事，偏好以他人为中心。因此当故事叙说的时候有位听众"专心"聆听自己的故事，往往就可以带来疗愈，因为有人"愿意聆听"我的故事，也隐喻着有人觉得我是重要的，才会愿意听我说话。张慈宜（2014）也指出故事叙中说主角可以为自己"发声"，解放被社会建构的框架，重新找到意义。

但这样的说故事与抱怨不同，抱怨的话与可能充满情绪却不包含任何脉络、情节，且叙说的主体也仍多停留在他人身上，而叙说者只是故事中的"受害者"。而故事叙说中可能会有受苦的故事，但也具有情节、情绪与故事脉络，故事中虽会出现他人却只是"配角"，重点仍是叙说者主角在这些事件中的情绪、想法与因应等等。这样一来，第二类型的故事疗愈才得以浮现，便是听众透过聆听叙说者的故事，连结到自己的生命故事或经验，突然出现某种顿悟、疏通或者在聆听觉得被同理，也对自己的生命故事有新的理解或是体悟。但如果叙说者是在"抱怨"故事，则聆听者往往仅能在聆听的过程中感受到叙说者的情绪，包含愤怒、无助与无望等，造成聆听者与叙说者都在故事叙说的过程中共同感受到不舒服的氛围，也无助于产生叙说的疗愈。

综合上述，我认为在故事叙说的过程中可以让我的树干长出一根根的树根，就像我在叙说中发现"受害者、小丑与霸王"三种树根，我相信还有许多的故事与树根正在萌芽，等待我透过叙说来发掘与滋养。因为我相信每个个体在生命经验中会形成一根根的树根，透过叙说我们得以一棵一棵地认回来，重新的观照与滋养它们，逐渐形成支撑大树的枝干。

六、结语：向下扎根的大树

我曾经与同样参加过故事叙说团体的朋友对话过，他分享的内容至今印象深刻，他认为透过一次的故事叙说团体后对他生命影响甚大、改变许多，在那次的过程中他已经"完全把自己整理好了"，可以不用再参加类似的团体。加上他分享时的所散发的自信，让我顿时感觉到自卑，分享的前半部分我完全同意，参加叙事团体后我学习到用新的方式表达自己，也影响到我看待自己或是与他人互动的方式。但是，即便我已经参加了近五年的团体，我仍可以在不同的叙说团体中获得新的发现，也因此养成说故事的习惯，只要当觉得生命卡住或是困难的时候，就会开始透过说故事来了解。所以听到朋友这样说，我不免怀疑是不是自己"笨"，或者是生命非常艰困，才需要一次又一次的故事叙说。

这样的疑惑在我撰写论文的时候得到解惑，除了许多文献皆提到叙说的过程是"循环"的，叙说者会在叙说的过程中得到新的洞察与发现，而这些新的洞察与发现又会引发出不一样的故事叙说，再出现新的发现（丁兴祥、张继元，2014；李文玫，2015）。此一论点也符合我参加叙说团体的经验，例如我一开始叙说着受霸凌的经验的时候，我先看见自己"受害者"的角色。带着这样的发现，当我继续叙说相关受霸凌经验时，成长过程中其他的故事也一一涌出，"讨好的小丑"也从故事中浮现，我看见自己在成长的过程中学会讨好的因应与生活策略。随着故事叙说的开展，被我压抑的力量，也或者是我没看见的力量浮现出来。我开始看见自己在成长过程中不时泄漏出来的

"暴力"，原来我的内在也吸收了这些暴力，形成"霸王"的姿态。我的故事也从我发现霸王这个角色后出现了截然不同的观点，原来在我的故事中，我不只是被动的受害者，有些时候我在不自觉的状态下成为主动的攻击者。

带着这样的体悟与发现，我认为故事叙说是一种"大树向下扎根"的历程，这样的历程不会有终止的一天，除非我们走到生命的终点。透过说故事，我们如实看见自己的脆弱、不完美，甚至是内心阴暗或不为人知的地方，当这些脆弱与阴影"见光死"后，它将成为我们的一部分，而脆弱便不再是脆弱。例如在我的自我叙说中也曾经提到我的非行行为，撰写的过程中我充满挣扎，我不断对自己提问，内容离不开"这样说真的好吗？""这样老师会不会对我改观？""我的家人、朋友知道后会怎么看我？""不说也不会有人知道啊，干嘛说？"等自我怀疑或批判的字眼。于是在撰写的过程中经常写了一大段，却又决定删除。但隔天发现这个故事如果不写，文本没有办法继续往下走，只好又重新再写一次，我的故事才得以往下流动。

就这样的反复叙说的过程中，我发现故事叙说中最挣扎的时候便是撰写出来的时候，当我把我的故事说出来，直到论文定稿送出，我开始从担心害怕转成踏实与坦然，甚至想要分享给有相同经验或故事的伙伴。这样想要分享并不是在赞赏或是炫耀自己的行为，而是在我的经验中发现许多时候人被困住并非是因为事情本身，大多数的时候是来自"不能接受自己正在受困"而开始受苦。例如霸凌在我身上的伤我可能早已遗忘，但没有办法接受自己被霸凌，开始在内心批判与指责自己的声音才是困住我的主因。透过说故事，我承认自己是被霸凌的受害者，才能够跟霸凌拉开距离，我看见除了有被霸凌的我之外，还有更多的我存在。

综合上述，我认为故事本身并无分好或坏，全倚赖说故事的人如何理解与看待。换句话说，我认为故事本身仅存在"意义"，然后汇集成主角的"树根"，说故事的重点并不是在翻转故事的好与坏，而是在找到故事对自己的养分，茁壮主角这棵独特的大树，并继续往下扎根。这样一来我们开始可以在故事中看见真实的自己并展露，我们就可以从真实的自我中拿回更多属于自己的力量，也活得更踏实与安稳。

参考文献

丁兴祥，张继元（2014）．生命诗学：心理传记与生命叙说的新开展．生命叙说与心理传记学，2，1—24．

李文玫（2015）．相遇与交融：研究者、研究方法与研究参与者互为主体性的开展性历程．生命叙说与心理传记学，3，25—53．

吴慎慎（2003）．教师专业认同与终身学习：生命史叙说研究（未出版之硕士论文）．国立台湾师范大学社会教育研究所，台北．

周志建（2013）．拥抱不完美：认回自己的故事疗愈之旅．台北：心灵工坊．

金树人（2010）．心理位移之结构特性及其辩证现象之分析：自我多重面向的叙写与叙说．中华辅导与咨商学报，28，187—229．

邱献辉（2012）．霸凌者的心理需求与咨商介入．应用心理研究，56，165—189．

纪雅惠（2010）．女性自我认同形成历程之质性研究——以四位教育与助人专业者为例（未出版之硕士论文）．屏东师范学院教育心理与辅导学系硕士班，屏东．

孙佳婷，施登尧（2016）．探究跨国历程的流转与归返：一位垒球教练之自我叙说．生命叙说与心理传记学，4，55—77．

翁开诚（2002）．觉解我的治疗理论与实践：通过故事来成人之美．应用心理研究，16，23—69．

张慈宜（2014）．在无名的生活中突围：一位台湾水电工为尊严进行斗争的故事．生命叙说与心理传记学，2，219—244．

陆巧岚（2010）．921．我．921——地震之创伤与失落经验（未出版之硕士论文）．台北教育大学心理与咨商学系硕士班，台北．

游丽华（2010）．长大的秘密——一位女儿／准老师寻找自我的故事（未出版之硕士论文）．新竹教育大学教育学系硕士班，新竹．

黄锦敦（2012）．陪孩子遇见美好的自己：儿童·游戏·叙事治疗．台北：张老师文化．

黄锦敦（2015）．"叙事泡汤工作坊"讲义．未出版之手稿，奇异果文创，台北．

廖乃慧（2011）．大学生的自我认同——以"未定者"为主角的音乐创作（未出版之硕士论文）．台湾政治大学广告研究所，台北．

刘玲君（2005）．我的变与辩：一位小学女性代课老师追寻教师专业认同的生命叙说（未出版之硕士论文）．台北师范学院课程与教学研究所，台北．

简智君（2012）。一个亲职化个体的生命叙说（未出版之硕士论文）．台北教育大学心理与咨商学系硕士班，台北．

Adichie, C. (2009). 单一故事的危险性. 2015年8月16日，检索自 https：//www.ted.com/talks/chimamanda_adichie_the_danger_of_a_single_story/transcript? language = zh-tw.

Coloroso, B. (2011). 陪孩子面对霸凌：父母师长的行动指南（鲁宓，廖婉如译）．台北：心灵工坊．（原著出版于2003年）．

Stone, R. (2000). 沙发上的说话课（张敏如译）．台北：经典传讯．（原著出版于1996年）．

White, M. (2008). 叙事治疗的工作地图（黄孟娇译）．台北：张老师文化．（原著出版于2007年）．

McAdams, C. R., III, & Schmidt, C. D. (2007). How to Help a Bully: Recommendations for Counseling the Proactive Aggressor. *Professional School Counseling*, 11 (2), pp. 120 – 128.

O'Brennan, L. M., Bradshaw, C. P., & Sawyer, A. L. (2008). Examining Developmental Differences in the Social-emotional Problems among Frequent Bullies, Victims, and Bully/Victims. *Psychology in the Schools*, 46 (2), pp. 100 – 115.

Rigby, K., & Johnson, B. (2005). Student Bystanders in Australian Schools. *Pastoral Care in Education*, 23 (2), pp. 10 – 16.

Solberg, M. E., Olweus, D., & Endresen, I. M. (2007). Bullies and Victims at School: Are They the Same Pupils?. *British Journal of Educational Psychology*, 77 (2), pp. 441 – 464.

Sullivan, K., Cleary, M., & Sullivan, G. (2004). *Bullying in Secondary Schools: What it Looks Like and How to Manage It.* London: Paul Chapman.

Overlord Resurrection: Using Self-Narrative Retrieve Real Power

Tsai Chien-Kung[1] and Chen Yih-Fen[2]

([1] Psychological Counselor, Helping Professions Promoting Association of Taoyuan)

([2] Associate Professor, Department of Counseling and Applied Psychology, National Taichung University of Education)

／ Abstract ／

This study expound the process and changes in self-narrative practice. The authors first literature reviewed domestic and foreign researches for the healing of story-telling, and tried to use tree's image as metaphor in narrative therapy. Then the authors narrated the story-telling process and notes, and set forth the author's story, healing point of view and practical experience. The first author started telling his experience of bullying in junior high school, including the findings in self-narrative, confusion and insight. At last, the authors presented the healing and harvesting of healing at different stages, presenting different stories of roots, including victims, clowns, and overlords. At the end of the article, the first author used the chat with friends of the story to manifest the story-telling has "cycle," and he attained awareness of himself by the story-telling methodology.

／ Keywords ／

Self-narrative, Healing, Bullying

祭如在：自我分析中的他者关系

陈慧玲*

(*东南科技大学通识教育中心)

/ 摘 要 /

本篇论文的目的，是借由自我分析的方式，探究自我与他者的关系，由他者到内在对象的传移（transference），再脱困地开辟出第三条自我提升的路径，使自我趋向一个解放型知识分子的理想自我，达到一种"自我明了"（Self-illumination）的状态。首先关于自我分析的缘起与方法论。其次，以诗人周梦蝶的诗《月河》为例，自我分析个人在关系中对于他者的传移经验。这个历程的意义，一方面在将分析人神秘复杂的心灵世界，揭示于学术一隅；另一方面，将无意识心灵翻译成为意识。最后，综合宗教学者普吕瑟（Paul Pruyser）的一张图式、宋文里的修订以及奥格登（Ogden）"分析的第三者"（The Analytic Third）

---

* 通讯作者：陈慧玲，副教授，博士，E-mail: 5667dh@gmail.com

的概念，提出个人对于精神分析关系理论的整合，并以"主体—对象的关系历程图"说明之。

/ 关键词 /
生命叙事、自我分析、精神分析的第三条路径

一、前言

> 祭如在，祭神如神在。子曰：吾不与祭，如不祭。
> ——《论语·八佾篇》（阮元校勘，1955：7）

在某一次课堂的讲演中，宋文里随口讲了几句话，引起了我写作此篇论文的动机。他说："当你跟你的爱人约完会回家之后，你心中思念对话的那个人是谁？他真的是眼前跟你约会的这个人吗？……"这个问题在一刹那间震撼着我。是的，回家之后，我们朝思暮想、念念不忘的那个人是谁？是那个跟自己约会的人吗？

这是一个很有趣的问题，沉浸在爱恋的人绝对不会承认心中藏的是别的人，但或许也不需要太紧张地快速否认——我们心中所爱的人跟眼前与自己约会的人是不是同一个人？这与爱情的忠贞无关，也无关乎恶意的欺骗。

本篇论文的目的，是希望借由自我分析的方式，将"藏在心中的那个别人"理清楚，探究自我与这个他者的关系，由他者到内在对象的传移（transference），再脱困地开辟出自我提升的第三条路径（the third path），进而

达到 As 的身份①——如宋文里于"高等人格专题：分析与叙事"课堂（2012年5月10日）所说的，从事精神分析的目的，是使自我趋向一个解放型知识分子的理想自我；或者如雅斯贝斯（Jaspers，1964）所说的，达到一种自我明了（self-illumination）的状态。

二、自我分析的缘起与方法论

自我分析，一直就是精神分析的主要方法。一般而言，自我分析可以有两个意思：一个是分析师（An）或督导（superviser）与分析人（Ad）② 对于"自我"（Me）分析的双人关系会谈；一个是分析人自己分析自己内在心灵的方法。

关于自我分析的研究法，有大量的文献出现。最早谈到这个方法的是弗洛伊德的自我分析（Anzieu，1986）。弗洛伊德的自我分析在于解释自己前意识和无意识的材料，例如梦境、记忆、稍纵即逝的想法和强烈的情感等。他在1887年到1902年间大量从事自我分析的结果，促成了精神分析的诞生；梦境的分析使他能够确认自己对病患梦境的了解，1896年弗洛伊德的父亲过世后，

---

① 宋文里："将来会有一种人，教学环境中，把精神分析作较为广义的使用，把这种知识转变为哈贝马斯说的'自知之明'（self-reflection）的知识。人透过自知的方式，最后可以转化出解放型知识分子的身分，这种人我就把他称作 Analyser（As），他不是 Analyst，也不是 Analysand，而应称作 Analyser；而他的简称 As，又其实是'宛如'（as if）的意思。他像是分析师，但也不是；他又像是分析人，但也不是；而是兼具这两者，混合起来后又成为另外一种身份的人。As 这个字非常的重要，你马上就可以把它牵过来谈孔子讲的'祭如在'，那个'如'，就是说：我们进入分析，就如同古代的士君子进入他们那种敬天畏人的仪式地位是一样的，就是在祭的当中，有一个位置是'如在'，是 As。所以分析是一种文化的自救之道，文化在进行凝视自己的盲点，然后想办法要摊开来，进入一种自省，作出各式各样的诠释状态。这样的知识分子，我们就可以把他称作 As，以'祭如在'的身份来继承古典的士君子这样身份的人。"摘录自宋文里"高等人格专题：分析与叙事"课程（2012年5月10日）录音档。
② 在本论文中，为行文方便，接受精神分析之分析人（analysand）将简称为 Ad，而从事分析工作之分析师（analyst）简称为 An。

他的自我分析也就更有计划地持续着，最后写成了《释梦》（Freud，1900/1998）这本书。

安齐厄（Anzieu，1986）说明弗洛伊德自我分析的方法，包括四个步骤：（一）写下所得到的素材；（二）将连续的事件打碎；（三）自由联想；（四）将联想的内容形成联结，而这些联结承载了一个诠释性的意义。在弗洛伊德分析训练的构想中，他主张未来分析师的养成必须具备个人的分析经验，才能够有效地协助病人，这是他坚持的立场。

但自我分析冒了一个风险：它可能偏向于自恋的自我满足或强迫性反思。而像弗洛伊德这般，能够以自己作为分析的对象进行自我分析的，会面临一个难题，这个难题在于既然要探究的是无意识，中间会经过一道"防卫机制"，自我分析要如何突破这道防卫机制、如何意识到无意识的防卫，看到无意识里被压抑、被排除在意识之外的经验内容。梦或失言等等的分析，自我只能进到前意识层次，无法进入无意识层次。自我分析在意识层次进行，就像自己看自己，只能看到前面半身，永远看不到背后，除非借由镜子的使用；而分析师或者督导就是那面镜子。弗洛伊德真的对自己了解得很透彻了吗？他看到自己的背面了吗？自己的阴影？或许他是天纵英明，不能等闲论之，但相信一般人是很难做到的。因此自我分析不可能是一个纯粹的、孤独的心理活动，即使是弗洛伊德本身的自我分析，也是与他的朋友威廉·弗里斯（Wilhelm Fliess）在科学、情感和幻想的相互交流中所发展出来的。

但是个人的自我分析，有其深刻的价值，就像分析工作的回音共鸣，它可以使分析获得更丰硕的成果。然而早期的分析师却很少描述分析的真实过程，法罗（Farrow，1925）提出一个自我分析的方法是每天花一两个小时写下所有的想法与联想；霍妮（Horney，1942）也曾在她的书中对自我分析提出一些建议，但之后有一段时间相关的文献并不多。主要是由于个人的案例中，要呈现自身隐私细节的困难度，以及使用的分析专业有没有过当的自我袒露或干涉隐匿程度的问题；且自我分析的过程并不总是正向的，有时候会产生令人畏惧的抗拒或自我的压迫感。另一个重要的困难在于自己对自我的分析无法处理"传移—反传移"（transference/counter-transference）的问题。虽然在双人分析会谈的过程中可能产生扭曲错觉，但是这个过程仍然是有用的；双人的自我分析使分析师能够在实际工作的场域中注入新的观点，以一种更有效的方式解决分析所产生的问题，不管是对分析人或是分析师而言，都深具价值。①

在双人的分析会谈中，分析师如何在分析工作中"使用"他自己？当他与分析人工作的过程中，其内在经验帮助他对分析人的情感、想法、幻想甚至生理需求有敏锐的理解，这是使分析工作能够进一步发展的基本条件。分析工作无可避免地牵涉到两个人心理状态的交互作用，分析师的内在经验有如一条通往分析人内在经验的小径，不必然要透过防卫的分析才能有所进展。分析期间，二人内在经验的主体间性，不但丰富而且互补；当记忆的碎片透过双耳的倾听而重新赋予意义时，心灵的交流也疏通了分析师与分析人之间讯息的传递——分析师不但倾听了分析人，也倾听了自己。我们可以说，分析师学到最有价值的一课是：有效地使用他自己。

积极的自我分析发生在一个相互关系的脉络之中，即使分析中主体出现个人危机时，仍然必须保有先前的那份承诺；而相互督导的方式，则可增进自我分析更进一步的发展。奥斯丁·西尔伯（Austin Silber）于1991年参加米尔

---

① "传移—反传移"在精神分析治疗中，具有高度的挑战性，但它也同样具有不可缺的重要性。佛洛依德认为在分析关系中，病人借由"传移"，在一个比较适当安全的环境下，再度体验过去，并借此修复致病因素及其命运。而在分析师这一方面，"反传移"虽具有危险性，但也是帮助他了解病人、做分析解释的有利工具。海因里希·拉克尔（Heinrich Racker）曾经发表多篇专门讨论此议题的论文，E. Racker (1952)，以及 H. Racker (1953) 讨论 An 利用反传移作为理解 Ad 的途径，他认为即使是强大的反传移反应，都可以是有效的治疗工具。在1957年的论文中，H. Racker (1957) 更肯定地将反传移作为了解 Ad 心理过程的工具，包括它们的内容、它们的机制及其强度，认识到反传移对 An 在理解 Ad 时所产生的帮助、它如何影响到 Ad 的行为，以及 An 作为 Ad 童年经验重现的内在对象，在治疗的过程中具有的重要位置。

顿·霍洛维茨（Milton Horowitz）自我分析与再分析的讨论小组，并于1996年发表相关研究。他提到自我分析让自己能以一种较开放、深刻、更容易接近自身情感的舒适方式贴近内在生命，并增进自我的发现；而在同侪相互督导之时，彼此在关系中加入了传移—反传移因素，激励对话，分享各自的情感、观点与行动。甚至，童年的情感根源在督导参与之后会再度地在关系中"演出"，增强了自我分析中所难以触及的焦点。这样的同侪行动使得西尔伯更敏锐地觉察到在分析梦境时的自我意识，借着分析与联想的方式，重新建构自我的童年经验。有了这样的经验，西尔伯觉得自己对于分析人的敏锐度增加了，对辨识隐藏在记忆屏幕之后的情感更加熟练；同时，相互督导的方式也提供给他一种平衡而持续监督反传移冲突的机会（Silber, 2003）。

相互督导的方式使我们从个人自恋式的自我分析（narcissistic self-analytic）向前跨了一步，变成与对象相关（object-related）的同侪分享，西尔伯（2003：13）引用康特罗怀特（Kantrowite）的说法：

> 据我所知，分析师对于他们自我分析研究的公开描述，并不包含他们与"他人"分享的私人数据。"他人"所扮演的角色是在刺激、支持与巩固自我探究的工作，而这些内容并不会在精神分析文献中讨论，他们了解这些资料的隐密性。事实上，许多分析师在从事这样激烈的个人交流时，同时也等于是接受较为信任的人治疗的一种方式，分析师们预期借此完成他们的自我分析工作，因此弗洛伊德建议分析师们每五年要回头再做深入的自我分析。

当分析人需要一位能够被信任、尊敬，不带判断性的、具正向情感的分析师时，这些必要的亲近性质，是彼此友谊与治疗承诺的基础，康特罗怀特认为分析师们的相互督导与分析探究成为他们个人与专业生活的核心部分，这使他们能够稳定地处理冲突，不需要采取攻击的态度。

西尔伯（2003）在结束相互督导小组工作之后曾经提到：这样的自我分析，赋予他一个体验、觉察与接受自己内在攻击驱力的机会，而这样的攻击一直都被隐藏在分析之中。分析师某些不经意的行为变成他传移的对象，帮助他敏锐地觉察到自己攻击的情绪，并立即得到释放。相互督导成为一种有力的工具，使自己能够持续的成长与学习。它维持一个开放的频道彼此分享关心、有趣的事，以适当的方式协助彼此变得更加成熟。够好的同侪让人可以开放而轻松地说出自己，也使自己在分析治疗的工作上更得心应手，也更具创造性。

对我而言，我的自我分析历程是多重而复杂的。从 2009 年 6 月至今，每周一次，接受分析师对我所作的精神分析，其中有很大的部分在处理传移的问题。同时接受论文指导教授宋文里在精神分析理论上的教学与督导，详细探究在传移经验中与分析师及 Dir① 间的关系流动，当然也不可避免地进行个人的自我分析。然而，我与 Annie②（分析师的假名）的分析过程与跟 Dir 的督导经验，是两种截然不同的体验感受。专业的心理治疗在形式上具有严谨的架构与界限，彼此关系是清楚明白的，这与论文督导的关系样貌不同，但二者皆可能产生传移投射，只是传移的是不同意象的错觉。我与 Annie 的关系以及我与 Dir 的关系形成不同的两种样貌；或者说，不同的人与人之间的关系，总是存在着各种不同的意象投射与动力流转。每一种主体间际（intersubjective）的关系都是一门功课，从传移—反传移关系、自我与自我之间的关系、到自我与他者的关系，无非如此。

---

① Dir 意指我在指导教授身上所传移之内在对象，这个传移的对象（object），就像是从地底下被召唤出来的幽灵，将过去潜藏在无意识深处的早期记忆、那些潜抑的爱的欲望、离弃的焦虑、超我的宰制等等的受创经验，以及理想我的投射认同，借由对 Dir 这个内在对象，而在关系中凸显出来。因此本文中以 Dir 为名，以与现实生活中的指导教授有所区别（陈慧玲，2014，ch. 1）。

② Annie，假名，我的分析师，曾在欧洲接受精神分析训练，但不可归类为"Lacan 式的分析师"。

2017年，经过长达近九年的精神分析，关于传移—反传移这样的议题已经不陌生。精神分析必然要进入传移分析的工作，才能被视为真正的精神分析，但是这个历程对一个分析人而言，绝不是一个简单的工作。雅斯贝斯（1964：5）曾说："我们可以问自己：谁愿意冒险剥光个人心理一直剥到他心灵的根本之处？除非来自那最初、那个某种自我能够站立、自我内在根源曾经拥有过的自由。"① 冒险深入内在心灵深处，与自身的欲望与恐惧、愤怒奋斗，就像是一种武士愿意为理念殉身的精神。我之所以愿意全身投进这个充满荆棘的分析历程，或许就如雅斯贝斯所说的："来自那最初、那个某种自我能够站立、自我内在根源曾经拥有过的自由。"因为那份自由的引导，如同在广漠幽暗地域里的微光，隐隐烛照着个人性命中通达"自我明了"的崎岖小径；这条小径，我踽踽独行。

过往关于精神分析的研究与论述，大都是由分析师开始作案例分析与诠释，鲜少由分析人的角色发声。分析人的经验与发言，在分析关系的学术研究中，成为静默的承受者。有关精神分析的学习，我的学术理论与训练来自于博士论文指导教授宋文里，分析经验来自于与分析师Annie的协同合作；对于投射与传移的分析，是我奋力于无意识领域探究的艰辛历程。把这样的历程化为文字表述，依然仅代表着分析者个人的诠释与限制。这个历程的意义，一方面在于将分析人神秘复杂的心灵世界，揭示于学术一隅，或许有益于自我论述的多元展现；另一方面，透过自我的叙事分析，将无意识心灵翻译成为意识，生命的转化契机方为可能。弗洛伊德一生致力于无意识心灵的探究，但在其生命晚年，他的犀利智慧仍旧告诉我们："意识仍然是一道光，烛照着我们通往黑暗心灵生活的道路"（宋文里，2018）。这样的超越智慧与身份，宋文里称之为As。

---

① 雅斯贝斯著《心理病理学总论》(1964) 抽印本，第一章《心理治疗的本质》，笔者自译。

三、从自我分析中看见"如在"

2016年中秋夜，我抄写了一首诗《月河》，是自己敬爱的诗人周梦蝶所作：

傍着静静的恒河走
静静的恒河之月傍着我走
我是恒河的影子
静静的恒河之月是我的影子
曾与河声吞吐而上下
亦偕月影婆娑而明灭
在无终亦无始的长流上
在旋转复旋转的虚空中

天上的月何如水中的月
水中的月何如梦中的月
月入千水
水含千月
哪一月是你？
哪一月是我？

说水与月与我是从
荒远的　没来处的来处来的
那来处　没有来处的来处的来处

又从哪里来的?

想着月的照　水的流　我的走
总由他而非由己
以眼为帆　足为桨
我欲背着月逆水而上
直入恒河的第一沙未生时

(周梦蝶, 2002: 4—5)

这样一首深具禅意优美的新诗,也含摄了整个精神分析中传移的虚实错觉与追根究底的灵魂追寻历程;周梦蝶或许不曾学习过精神分析,然而,"月入千水/水含千月/哪一月是你?/哪一月是我?"传移世界的虚幻错觉,你我混淆不清,竟然由他而说得明白清楚;这是人生实情,澄清之后一切如梦幻泡影,终归空相;生命主体与他者对象的交互投射,如水影含月,月入千水,在各自的水域里,晃漾着不同的光辉。对象传移的来处,是那荒远的没有来处的来处,来自童年遥远无迹幻想的国度。生命的历程多半为外境因缘所造,自我唯一能做的主,或许只能是"以眼为帆,足为桨"背着月,逆水而上,追溯生命之源——那灵魂的最遥远处,或许如周梦蝶所言:"直入恒河的第一沙未生时"。

Dir是我情感传移的对象,在我的心中曾经几乎近于完美之神的位阶。经过多年的分析,我逐渐从传移的迷乱与错觉中走了出来。这个传移的分析历程,厘清了我与Dir之间回归现实世界的关系,重新以一种真实的"人与人之间的关系"相待。会说"回归现实世界的关系,重新以一种真实的人与人的关系相待"这句话,是因为在传移关系中,Dir这个对象几乎是神,而我这个分析人——或许是个被幽魂附身的鬼魅——那个"被镇压的疯狂"① 终于浮现。

  2015.5.14　十二岁小女孩的鬼魅
  昨晚的分析有一点精彩，我说我一直觉得浑浑噩噩，好像有一团模糊的东西在脑海中，这是关于传移，像鬼迷心窍、像中邪的感觉，现在我觉得应该当个正常人比较清醒、比较好。当正常人简单多了。……Annie 说那个鬼魅是我自己，在十二岁的时候就死了，那时候的我因为某种原因决定要独立、长大、不再跟别人建立关系，于是十二岁小女孩的我就死了，我不再有那个儿童的自己。可是这个鬼魅却一直附在我身上，重返人间……Annie 觉得躺在长椅上的我是个十二岁的小女孩。
  当然这是幻想，但 Annie 说我能够察觉到这个鬼魅的存在很不容易。我想到弗洛伊德说过传移经验就是借由狡猾魔咒将地底的精灵召唤上来……我果真捕获到这个鬼魅。……

  十二岁的我在做什么？发生了什么事？十二岁应该是小六到初一的阶段，那时候我在哪里呢？在某一个新搬到的家，那个家是木板隔间的，可以听到客厅外追讨债务的几个大汉恐吓威胁的对话，可以找到一个适合隐藏瘦小身躯的衣柜，以及一处晚上能安心睡觉的桌子底下。那张日式方桌很低，身子平摆在里面刚好可以藏身，像木头被子盖在身上，也像母亲的怀抱一样安全……那阵子，我躲在桌子底下睡觉，桌子成了应该照顾我、怀抱我的母亲。或许，在当时的某一片刻，我告诉自己此后不再依靠任何人，要独立、要长大。于是，小女孩死了，一夕之间成了家中坚强的大姊，作为弟弟、妹妹的模范。……而今，小女孩的幽魂回来了，附身在一个成年的我身上，她来要回曾经失去的东

---

① 借用马里恩·米尔纳（Marion Milner）的书名 The Suppressed Madness of Sane Men，宋文里译为《正常人被镇压的疯狂》（Milner, 1986/2016）。

西——爱、被爱以及纯真的童年。

幽魂扰乱了我的生活秩序，夹带着潜抑的疑惧、愤恨与未满足之欲力频频现身，袭夺了我意识的清明。那个欲力传移的对象，投向了 Dir，疑惧愤恨却由分析师 Annie 来承担。我告诉 Annie 说，我在她身上感受到了大理石的意象，冰冷、坚定、可以依靠却无法亲近。

2016.5.11　石膏封存

我将愤怒封存在石膏里。触摸童年记忆，就像触摸光滑的石膏，蓬松的石粉凝聚而成，没有冰冷的材质，却是僵硬的雕塑。我的愤怒一定是封存在石膏里，所以无法触及。

2016.9.17　大理石

……但是伤口必须无痕，彷佛就像在大理石上划过，留不下什么痕迹。说到大理石时，觉得自己坚硬、冰冷，感觉很奇怪，可是自然就冒出这样的意象来。Annie 说小时受虐的小孩，通常也像大理石一样……应该不只这样！Annie，最早的时候我就把她石化了，不理她，我做我的，排除她在我的心理关系之外，我说我怕她承受不了我的愤怒，我怕她离弃我，只好把她石化、把她冰冻，不让我的愤怒进入关系之中。她说这是我对她的移情。第一次有勇气正视我跟她之间的关系。她是大理石，而我背对着她，靠着她却不看她，这是我跟她的关系。

曾经一个梦中，彷佛在一个三岔路口，我走得非常疲惫，靠着路旁一座巨大的大理石休息喘气，我的眼睛茫然地看着岔路，尘土飞扬，却不知何去何从。我想这个三叉路口就是我的分析空间，大理石安稳地伫立在那里，我背靠着，感觉稳固而冰冷，却不曾转过头来正视它的存在。Annie 说我不敢看她，因为不敢看到自己潜藏的愤怒，恐惧面对自己的阴影。在分析关系开始之时，Annie 就成为我超我（superego）传移的对象，我担心她对我欲望的指责，像一双严厉监视的眼睛，因此无意识地将她隔离、封存在关系之外。她的不苟言笑，像中性的空白屏幕，与我熟悉的、一般的、期望中的温暖同理的咨商关系差别很大，我快速地将"不苟言笑 = 严肃 = 严厉 = 不悦 = 惩罚"连结起来，也连结上被暴怒的父亲喝斥所带来的卑下与无助——以及压抑的恐惧。童年时期，父亲脸上是否带着笑容，决定了当晚全家人的情绪。看到父亲笑就能放下心来安心入睡；如果父亲不笑，就是危险的、可怕的、不安全及暴怒，代表家中将凝聚着冰冷、颤栗的氛围。于是，Annie 的不苟言笑，跟我童年的恐惧经验联结。为了防卫自己，封存自己的恐惧与无法表达的愤怒，无意识地，我必须把她石化，成为一个不会伤害我的石雕，但是在意识层面，她却又是我信赖、依靠的对象；两种矛盾情绪的综合，她成为冰冷而坚固、可依靠而光滑隔离的大理石雕像。

就像梦的造型没有否定句①，大理石雕像这个象征物具象地说明了我跟 Annie 之间矛盾的传移关系，弗洛伊德曾说："梦表现出一种特别的偏好，就是会把矛盾的两造结合成一体，并使之再现（represent）为同一事或同一物。"（Freud，1900/1998：153）梦有其自由能力将相反的元素揉合成一物，要抽丝剥茧地分析这些象征中的正反方，确实是不容易的事。这些分析必须从我的感官出发、感受、体悟以及面对。面对自我那些被压抑、排除在无意识中的过往经验，要把这些东西"接"回到意识层面，我花了很长的时间学习。

十二岁小女孩的幽灵盘踞着我的意识，原本幽幽微微，但当我遇见 Dir 之

---

① 弗洛伊德说："梦对于对比（contraries）和矛盾（contradictories）等范畴的处理方式非常值得注意。它（对此范畴）简直就是毫不在意。'不'在我们所知的梦里几乎不存在。梦表现出一种特别的偏好，就是会把矛盾的两造结合成一体，并使之再现（represent）为同一事或同一物。毋宁唯是，梦还自觉有自由，可把任何元素依照愿望而再现为其相反物；于是，乍看之下，我们就无法决定在梦思（dream-thoughts）之中所呈现（present）的任何元素，究竟会自承其为对比中的正方或反方。"（宋文里，2018：58—59）

后，她却忽地活醒过来。我想起周梦蝶的《还魂草》："凡踏着我脚印来的，我便以我，和我底脚印，与他！"（周梦蝶，2000：41）我的小女孩，可以说是"借他者之身，还自我之魂"。

为什么是 Dir？我所传移在 Dir 身上的意象，原是内在于我的"理想自我"意象，Dir 与之契合之处，引发了沉寂已久"理想自我"的苏醒。因为传移关系的发生，我必须溯源回到过往，爬梳遗忘的记忆里的蛛丝马迹，为自己的"移情"① 寻找一个理由，或应该说缘由。缘由是经验的轨迹，是考古学的挖掘。我清楚地知道，从初一开始，那个十二岁女孩未死之前，她的认同对象便是孔子，那是她唯一认为的伟人。孔子自在地讲学、宣扬仁道、不畏困阻、卓然不群的画面，是她人生指向唯一的教科书；而知识的学习取代了父母该给的滋养与安慰，知识成为喂养的乳汁，是生命向上的动力泉源。当时讲授《论语》的语文老师是少数看得到这个躲在角落沉默的学生——这个自卑胆怯小女孩，愿意跟她说话的人，这一切经验可以鲜明地解释女孩未来的人生定向，一生从事教育工作、无怨无悔的生涯历程。以及，解释 Dir 之所以成为传移对象的缘由。Dir 的博学渊深、自信而有傲气、对理念的坚持不移、不惧权威等气质，正是女孩内在理想特质的投射，小女孩死而复生，"借他者之身，还自我之魂"。如今，我可以直言地说，小女孩在 Dir 身上所传移的特质，正是内在于我、自身的一部分，那是我"自己"。学习精神分析以来，我逐渐肯认了这些过去所不曾见的、压抑潜藏而不敢正视的"理想自我"。我相信，精神分析对于个人生命经验的诠释与再现，无意识残余物的清除与烛照，其深度在此。雅斯贝斯说精神分析、心理治疗的目的在于"自我明了"，这个 illumination，宋文里翻译为"明了"二字，明白了悟，既东方又深刻。

因此，分析经验中什么是真实、什么是幻象，又如何分得清？一个人有多

---

① Transference 一词，宋文里（2018：31）认为必须译为"传移"，而不可译为"移情"。此处刻意使用"移情"一词，乃暗喻着"情欲传移"的可能性。

重自我的堆叠，一个对象有多重移情转化，多重交错之下，不再有一种固定的、主体与他者的关系，而终将是关系的解构，不断变化的互为主体性。周梦蝶（2002：4）说："说水与月与我是从荒远的、没来处的来处来的，那来处：没有来处的来处的来处，又从哪里来的？"难说有个源头，然而，无意识地清仓寻找，会在阴暗的地下室里，找到需要擦拭即显亮变化的明珠，对于曾经遗忘、失落的生命经验与他者关系重新赋予新意。

四、祭，如在——As 的第三者路数

2016年7月，宋文里在台北的一次工作坊上讲到普吕瑟的一张图式，如图1。

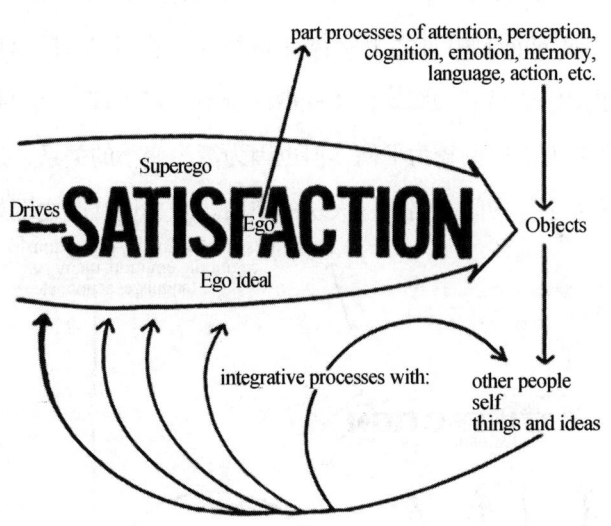

图1 普吕瑟自我（ego）—对象的动力关系
数据源：普吕瑟（1974）。

在图1中，普吕瑟使用弗洛伊德的力比多（libido）欲力理论来说明动力心理学，他画了一个很大的箭头，指向对象（object），这个箭头画得特别的

大，并且写上了 SATISFACTION（满足），中间是自我（ego）；ego 之所以要对着 object 贯注这么多力量，其实是它自己本身要获得满足的。所以 ego 有一个重要的任务就是要朝着那个对象去获得满足，它的动力有一部分来自于自己所不知道的驱力（drivers），但同时有一个 ideal 在引导着，有 superego 在压制着，最重要的是那个 ego 朝向 object，互相之间产生一个动力性的关系。这个理论虽然来自于弗洛伊德，但是他对于对象关系（objectrelations）并没有多所着墨，而是由下一代的精神分析师、所谓的英国对象关系学派，把这个问题扩张延伸，他们认为：真正的自我之所以会有动力，事实上是因为跟对象之间相互来回的，动力不是单方面的，而是相互来回的。这个理论的源头虽然是弗洛伊德，但是在下一代的精神分析师中解释得更加清楚。

对于这样一个图式我提出某种疑惑，认为普吕瑟将 SATISFACTION 的箭头画得特别的大，而 object 相对之下字体变得很小，会让人有一种过度自恋之感。于是宋文里便将普吕瑟的图式作了些微的调整，将 SATISFACTION 的箭头变小一些，让彼此的大小比例较为平衡。但也因为箭头变小的关系，这个主体与对象之间的距离拉大了，中间空出了一大块的空白。宋文里修改之图如图 2 所示。

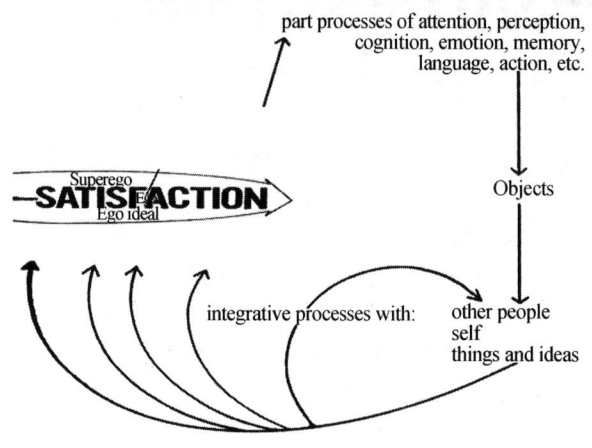

图 2　宋文里修改之图式

对于中间这一大片空白，我依然产生疑惑，二者不可能是分离孤立的个体，而应该是有某种无形但存有的关系在运作。我想象在主体与对象之间，必然有某事正在发生，于是在此二者之间，画上一个灰色的区块，象征着这无形的存在；而这个区间，形成了神秘的第三界。我的这个构想，应该来自于奥格登所说的第三主体、第三者之说。奥格登（Ogden，1994：63—64，笔者自译）说：

> 我相信在一个分析的脉络中，没有一个 Ad 能撇开与 An 的关系，也没有一个 An 能撇开与 Ad 的关系。一个婴儿和一个母亲是由分离的身体与心灵的整体所构成，母—婴一体以母亲与婴儿分离的状态共存在动态的张力（dynamic tension）中。同样的，主体—对象的主体间际也共存在动态的张力中。An 与 Ad 作为一个分离的个体，有他们自己的思想、情感、感受、个人的真实、心理的认同等等，但母—婴与 An — Ad（作为分离的心理实体）的主体间性都不是以纯粹的形式存在。
>
> 从主体—对象相互依存的观点来看，分析的任务牵涉到一种尝试，尽可能完整地描述一个人"在个别的主体性与主体间际的交互作用中经验"的一种特殊的性质。我将它称为分析的第三者（the analytic third）。这个第三主体，主体彼此间分析的第三者，是发生在 An、Ad 作为分离主体之间、在分析进行中所发生的一种独特的辩证产物。

奥格登从人文学的涵养中出发，将精神分析视为一门语言、文学、心理的艺术作品，更进一步地提出分析的第三者（The Third）这个概念。分析的第三者是指：分析师（An）、分析人（Ad）两人是为第一人、第二人，但在分析关系中，两人之间那个"之间"，会结晶成一种在两人之间如游魂一般来回的另一主体——它不是分析师（An）、分析人（Ad）两人可以掌握，但是又是两个人所共同创造出来的一个精神主体，这个精神主体可能借由某些对象或线索所引发，它既是你我，又不是你我，所以简称它为第三主体——分析的第三者。例如奥格登（1994）在两个临床实例——失窃的信件（The Purloined Letter）与泄密的心（The Tell-Tale Heart）中，分析第三者被用来作为了解分析人意识、无意识经验的一种媒介。一个信封、一只玻璃杯，提供了一个关于主体与对象间相互依存的精神架构，在 An – Ad 的传移—反传移关系中，帮助 An 与他各式各样、相互关系的临床事实紧密地联结。

这个概念由奥格登所发明，我借力使力地运用这个"第三者"的概念，并将由对象触发的"第三者"遐思，扩充成为语言与象征的存在形式。在此将上述图形作了一些补充与修改，借以说明我个人对于精神分析关系理论的整合与理解。修改后的图示如图 3。

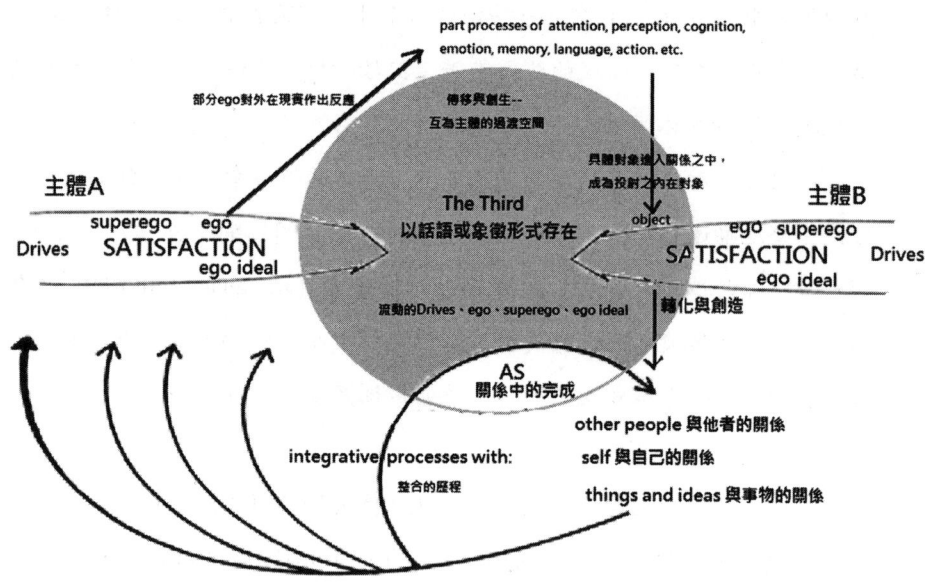

图 3　主体—对象的关系历程图

数据源：本研究整理。

在图 3 中，我将"对象"（object）作了一点修改，也将之视为一个能够获得 SATISFACTION 的另一主体（B），此一主体在进入灰色区块时用虚线表示，意味着这时 B 主体已成为另一主体（A）某种投射的"对象"。灰色区块是关系空间，也是一个护持住（holding）的场域，这个护持可以是分析关系、母子关系或者其他具有共情（empathy）的神人关系。主体 A、B 彼此的多重自我在此往返流动，形成传移—反传移之复杂投射关系，但创发性的互为主体关系也在此萌生。这个空间以话语或各种象征形式存在，其中无意识地、暗自运作的精神主体，称为 The Third，第三空间或第三界、第三者。主体 A 在进入第三空间的关系运作时，或许充满各种驱力与投射的传移关系，但一部分的自我（ego）仍保持着与外在现实的连结，于是在进入传移关系中时，具备着转化与创生的可能性。主体 B 在关系中，并非是一个全然空白的他者存在，同样带着个人的生命经验进入关系之中，反传移是不可避免的现实。

主体 A 与 B 之间的互为主体关系，使 ego 再度与外在世界联系时，具备了转化创造的能力，以一种新的态度重新定义自我与他者、与自身、与世界的关系。透过这一个整合的过程，一方面得以回馈主体 A 之不足，另一方面在此空间的下方，出现一个由外而内、再由内而外的整合历程，既在关系之内、又能出之于外在现实的一种自我关系型态"As"。As 在与主体 B 的关系中再度淬炼，循环不已，最终达到一种自我的理想性，也就是趋向一个解放型知识分子的理想自我，或者达到一种"自我明了"精神的状态。

As 源之于 ego，在关系中转化与创造，跃升为另一个超越性的存在。正如孔子所说："祭神如神在"这个"神"，在关系之初，是外在礼拜的对象；在关系之后，是内在于自身、"自我明了"的灵性自我。宋文里认为一位有能力从事自我分析工作的 As，即是透过这样关系的淬炼，成就一位具有现代解放型犀利睿智的知识分子，身具自省、自知、自觉、自明的涵养与修为，以及胸怀"己欲立而立人，己欲达而达人"的弘志，这是孔子所谓的士、君子的理想型（阮元校勘，1955）。

孔子说："祭如在，祭神如神在"。又说："吾不与祭，如不祭。"以诚敬之心，祭神如神在。但我更有兴趣的是他说："吾不与祭，如不祭"。真正的参与，以全心、以灵魂全然投入，这是精神分析苛刻的要求，否则白费工夫，如不祭（阮元校勘，1955）。

五、结语

回到前言所提的那个问题："当你跟你的爱人约完会回家之后，你心中思念对话的那个人是谁？他真的是眼前跟你约会的这个人吗？……"心中念念不忘的对象已然脱离了那个具体的存在，掺杂交织着各式的投射错觉，Dir 是自我理想的传移，Annie 是疑惧与愤怒情绪的连结，那么自我是谁？他者又是谁？也许真如周梦蝶（2002）所说的：

> 我是恒河的影子
> 静静的恒河之月是我的影子
>
> 在无终亦无始的长流上
> 在旋转复旋转的虚空中……

透过自我分析的功夫，厘清这些影子的来龙去脉，所做的也只是一种自我解构的功夫。但是只有解构而无重整创生，那么解构只能趋向虚无。解构与重建之间，转变的契机来自于"关系"的介入。分析关系不只是意识知性的理解，也是无意识的关系流动，即使是透过对象传移的错觉，也使生命历程有了重新被看见、重新被诠释的可能。雅斯贝斯说精神分析的目的，在于使人达到一种自我明了的状态。这个自我明了，将是一个无穷尽的解放历程，使人逐步趋向真实与自由的生命开展。

参考文献

［清］阮元校勘（1955）. 十三经注疏：论语. 台北：艺文印书馆.

宋文里（2018）. 重读弗洛伊德. 台北：心灵工坊.

周梦蝶（2000）. 周梦蝶世纪诗选. 台北：尔雅.

周梦蝶（2002）. 十三朵白菊花. 台北：洪范.

陈慧玲（2014）. 关系论述下之生命史重写——从钟平妹/台妹到我自身（未出版之博士论文）. 辅仁大学心理学系，台北.

Freud, S.（1998）. 弗洛伊德文集. 第二卷：释梦（车文博主编）. 长春：长春.（原著出版于 1900 年）

Milner, M.（2016）. 正常人被镇压的疯狂：精神分析四十四年的探索（宋文里译）. 台北：联经出版事业股份有限公司，（原著出版于 1986 年）.

Anzieu, D.（1986）. *Freud's Self-analysis*. London：Hogarth Press and the Institute of Psychoanalysis.

Farrow, E. P.（1925）. A Method of Self-analysis. *British Journal of Medical Psychology*, 5（2）, pp. 106 – 118.

Horney, K.（1942）. *Self-analysis*. New York：Norton.

Jaspers, K.（1964）. *The Nature of Psychotherapy：A Critical Appraisal*. Manchester, UK：Manchester University Press.

Ogden, T. H.（1994）. The Analytic Third：Working with Intersubjective Clinical Facts. *International Journal of Psychoanalytic Psychotherapy*, 75（1）, pp. 3 – 19.

Pruyser, P. W.（1974）. *Between Belief and Unbelief*. New York：Harper & Row.

Racker, E.（1952）. Observaciones Sobre la Contratransferencia Como Instrumento Técnico：Comunicacion Preliminar. Revista de Psicoanálisis, 9（3）, pp. 342 – 354.

Racker, H.（1953）. Contribution to the Problem of Countertransference. *The International Journal of Psychoanalysis*, 34（4）, pp. 313 – 324.

Racker, H.（1957）. The Meanings and Uses of Countertransference. *The Psychoanalytic*

Quarterly, 26 (3), pp. 303 – 357.

Silber, A. (2003). Mutual Supervision: Further Thoughts on Self-observation, Self-analysis, and Reanalysis. *Journal of Clinical Psychoanalysis*, 12 (1), pp. 9 – 18.

When Sacrifice, as if Spirit is Present: Self-Analysis of the Relationship with the Other

Chen Hui-ling[*]

([*] Center of General Education, Tungnan University)

∕ Abstract ∕

The purpose of this paper is to explore the relationship between the self and the other by way of self-analysis, to bring up the other (in the form of inner object) through transference, and to open up a "third path" to self-transcendence. When engaging in the process of psychoanalysis, an analysand (Ad) is to collaborate with the analyst (An) to the extent that she/he is able to liberate him/herself into a new role — that is, an analytical ideal self; to a state of self-illumination. In the first place is an overview of the origin and methodology of self-analysis. Secondly, with the poet Zhou Meng Die's poem "Moon River" as an example, this self-analysis proceeds in the analysis of the relationship between the other through transference experiences. Therefore, the meaning of the present process, on the one hand, is to reveal the mysterious and complex world of the mind. On the other hand, through the analysis of self-narrative, the unconscious mind can be translated into consciousness. At the end of the paper, the conceptions of Paul Pruyser, and their revisions by Wen-Li

Soong, plus the concept of "The Third" by Thomas Ogden, add up a forward-going course of my personal integration, as illustrated in a diagram, summing up a kind of psychoanalytic course in this "subject-object relationship."

／ **Keywords** ／

Life narrative, Self-analysis, The third path of psychoanalysis

长寿即福——基于老人生活世界的参与式观察和非正式访谈

王堂生[1,*]　钟年[2]

([1]武汉理工大学马克思主义学院，武汉，430070)

([2]武汉大学哲学学院，武汉，430072)

/ 摘　要 /

本文通过对养老院住养和社区助养的高龄老人进行为期两年半的参与式观察，从自然、社会和心理等方面了解机构助养老人的生活世界，先后非正式访谈了56位老人，分析了其内心关注的生活世界（life-world）。结果发现该群体成员虽然现实境遇和人格特点各异，但总会谈到一些共同的话题，如关注年龄、健康、亲人关系、邻居关系、生活来源、生活感受、生活策略等；其共同的主题是如何过好合适自己的生活；无论是无声的行为还是有声的话语，都在显示着生存的方式、状态和意义。中国传统文化

---

* 通讯作者：王堂生，讲师，博士，E-mail: wangtangsheng@whu.edu.cn

中长寿本身就是一种福的观念，这促使老人们更能够适应年迈的生活，这在技术进步使得高龄老人日益隔离的现代社会，尤其值得重视。

／关键词／

老人，生活世界，参与式观察，非正式访谈，长寿，福

一、引言

国际社会随着世界老龄化程度的不断加深而增强对老人的关注。根据联合国（2002）《马德里政治宣言》，到2050年全球60岁以上老人将从6亿增至近20亿，60岁以上人口所占比例预计增加一倍，从10%增至21%。增长最大、最迅速的是发展中国家。到2050年，预计中国人口总数为60岁以上的人口占比36.5%，约计4.92亿人，而80岁以上的高龄老人占比则达8.9%，约计1.2亿人（Melorose, Perroy & Careas, 2015）。也就是说，在未来的35年，中国60岁以上的老人数量会翻一番，而80岁以上的老人数量则会翻两番还要多。

根据以前的研究，与西方学者更关注如何保持老人的心理健康相比，中国学者更关注如何养老（Wang & Hou, 2016；Wang & Yu, 2018），那么，中国当前的养老问题是如何解决的？

沈可（2013）对中国老年的居住模式之变迁进行了研究，认为从观念上来讲，入住养老院是老人们迫不得已的选择，他们或者因为生活无法自理，家人照顾有限，或者住房有限，与子女同住会产生矛盾；从现状来看，目前养老

机构配置不平衡，优质的公立养老机构集中在城镇，公立的养老院"物美价廉"，有政策的各种支持，但一床难求，而私立的养老院缺乏政策支持，条件好的话收费较高，普通老人们的收入又有限，往往难以入住理想的养老院，所以截止到 2008 年，城镇机构养老的比重为 3.5%，农村为 0.8%。

结合中国截至 2016 年历年来每千名老年人拥有养老床位比例的增长状况（中华人民共和国民政部，2017a，2017b）和在机构养老的人数比例（曾毅等人，2010），我国床位数量增加的速度大于老年人利用的程度，目前存在大量空置的养老床位。养老机构床位的增加并未太多影响到收养老年人的比例。尽管收养老人的人数在不断增加，但其人数基本上还是一直占养老院机构的床位数的 70% 左右。也就是说，养老机构的供给状况并不是影响老人是否选择这一居住模式的主要原因。

根据曾毅等人（2010）的调查，没有人手照料是老年人入住养老院的主要原因。在被调查的日常活动能力差且已住进养老院的老人中，近 60% 是因为没有子女或子女无力照顾，26% 是因为不想给子女增加照料的负担，9% 的老人想与其他老年人交流，3% 的老人是因为没有自己的房子又不想与子女同住。

居住方式对于老人的自理能力、健康和生活满意度具有不同的影响。与空巢老人相比，与子女居住对于自理能力和认知功能有负面的影响，但是对非抑郁和生活满意度有正面的影响，收入是否相对富裕、患病是否及时治疗、是否有人聊天在居住方式对认知功能、自评健康和生活满意度的影响中起到了重要的（控制/中介）作用（沈可，2013）。林明鲜和刘永策（2015）的研究初步探讨了居家养老与机构养老对生活满意度的影响。首先，是否自愿进入养老院对于在机构养老的人的孤独感有显着影响（$P=0.010$），文化活动和交友活动影响更为明显（$P=0.006$）。其次，居家养老和机构养老的孤独感差异并不大（$P=0.097$）。

那么，受到机构助养的老人们日常生活是什么情况呢？他们在养老机构集中助养,或者独居家中接受社区机构助养,生活中主要关注的问题是什么?这一群体长期生活在一起,会形成怎样的文化?除了健康、收入、生活照料、交友等话题之外,是否有更为根本的指向?

二、研究方法和程序

本研究首先对所选择研究的养老机构所处的社会环境进行分析,收集了武汉地区的经济和人口数据,以表明本研究的养老院所处的社会和历史文化情境,确定本研究的样本属性和外推逻辑。

参与式观察是民族志研究的典型方法。参与式观察要在实地进行,根据情境自然地提问和对话,所以研究者通常采用非正式的策略开始作业,要融入该群体的文化,学习当地的语言,首先对被研究群体有一个基本而全面的了解,初步筛选一下可能与研究相关的信息源,然后再缩小关注焦点,挑出应该研究的对象,以有助于理解被研究社区的生活。

研究者进入湖北省武汉市武昌区户部巷社区养老院和居家社区助养中心进行了为期两年半的跟踪调查和非正式访谈。研究者参与式观察的方式是通过养老院的院长、社区居家助养中心主任的介绍,以心理咨询志愿者团队成员的身份进入现场的,通过相当长的时间让老人知道研究者既为老人做一些心理咨询服务工作,同时也在做一些老年心理研究的工作。老人们对研究者的身份大约用了半年的时间才逐渐了解和接受,一年之后习以为常,研究者逐渐能够听"懂"老人的语言,成为工作、生活在养老院和社区的一分子。挑出应该研究的对象后,可以进行非正式访谈、追踪调查等研究。

最后对参与式观察、非正式访谈和追踪调查资料进行分析,主要采用了扎根和话语分析的方法,在此基础上对老人日常生活所关心的话题进行梳理和总结,发现其生活世界的关键属性。样本和数据的基本情况如下:

(一) 参与非正式访谈的老人

两年半间,研究者在现场展开调研共计96个工作日,平均每天工作时间6小时左右,共约计600个小时。每个老人被访谈的次数不一,个别被重点观察的老人被专门访谈多达30次左右,基本上记录了当事人所有能够讲述的话语内容。其他的老人访谈次数大多在2—15次之间。每次访谈时间不定,视老人的活动安排情况而定,一般在10分钟到1个小时之间。

(二) 基于扎根理论的老人生活主题分析

由于大多采用的是非正式访谈,少数为半结构访谈。老人们所说的都是跟自己的日常生活密切相关的话题。下文的文字资料主要来自访谈录音中当事人的话(编码以R开头),也有一些来自当天及时记录下来的田野观察日记(编码以D开头)。对访谈的内容采用扎根理论的分析方法,初步编码采用四个成分,a:录音(R)还是日记(D);b:时间,包括年、月、日;c:姓名,用首字母代指;d:话题,按照谈话的先后对话题进行排序,日记的编码不包含这部分内容。然后对这些话题进行同类合并得到若干主题,然后对主题之间的关系进行分析,发现中部地区城市机构助养老人生活世界的中心话题。

三、结果与分析

(一) 样本属性:社会情境分析

根据曾毅等人(2010)的预测,我国21世纪最为严重的"重灾区"将是中部地区。该地区几乎所有的人口家庭老化指标，包括 65 岁及以上老人与 80 岁及以上的高龄老人分别占总人口比例、"空巢"老人比例、独居老人比例都将比东部和西部明显高。

武汉市城镇常驻居民年人均可支配收入为 3.9737 万元，年人均消费支出为 2.6535 万元，武昌区城镇常驻居民年人均可支配收入为 4.3975 万元，年人均消费支出为 2.9365 万元，均高于全市的平均水平。（武汉市统计局，2017）

根据武汉统计年鉴（武汉市统计局，2016），武汉市截至 2015 年人口总数 8292666 人，男性 4236256 人，女性 4056410 人，80 岁以上的老人 227136 人（男性 95518 人，女性 131618 人），其中包括百岁老人 1234 人（男性 320 人，女性 914 人）。

因为武汉地处中部地区，南北地域文化交融，处于东南部经济较发达地区和西北部欠发达地区之间，对于中国老人而言，传统观念和现代的工具手段共存，既具有传统文化的浓厚气息，也经历着快速的现代化社会变迁。户部巷社区是武昌区的一个老城区型社区，该社区 2000 年由 4 个居委会合并而成，与黄鹤楼、武汉长江大桥比邻，总人口数 8200 人，总户数 3200 户，社区内有楚剧社等特色文艺团队 3 个，民主路西端 2009 年建设了明清风格的建筑风情街，经营多种极具民族特色的小吃。

（二）参与式观察结果

1. 为机构助养老人服务的可见世界

作为一个集中住养的机构，养老院的主体建筑是一栋四层楼的房子，一楼进入大门是一个门厅，老人们常常在这里闲坐或者看电影、做拍手操，门厅靠尽头开辟了一间接待室，门厅左手是一楼活动室，放有两桌麻将，老人们下午常常在这里打麻将或者打牌,活动室还有电视,以及可以观看光盘的播放机,老人们上午一般在这里看看楚剧,活动室左手就是老人们的寝室了,基本上都是两人一间,经济条件好的一个人一间。寝室靠近活动室的两个房间是医务室,一间是医生办公室,另一间是按摩治疗室。

门厅的右手边则是上楼的楼梯,走上楼梯,拐角的地方有洗衣房和阳台,老人们会在这里洗晾衣服,但因为地方比较小,多数老人还是选择三楼的洗衣房和四楼的天台。二楼通往三楼的楼梯旁的墙壁上挂着画,《二十四孝图》,主要是给工作人员看的,提醒为老人服务的工作人员要有爱心和孝心,后来还挂了老人们在养老院日常活动的照片,希冀给在生活的老人们一种家的感觉。

二楼主要是老人们的寝室,寝室都配有电视、空调、热水器等设备,二楼寝室的尽头,专门开辟了一间大的温馨室,主要是将生活完全不能自理的老人们集中放在一个房间里,房间护理人员24小时看护。

三楼除了老人们的寝室外,还有心理咨询办公室、院长办公室、书画活动室,书画活动室旁边有个较大的洗衣房,洗衣房的一侧是通向四楼天台的楼梯,天气好的时候老人们会在天台上晒太阳,晾晒衣物,尽管是一栋四层楼的建筑,还是安装了一部电梯,四楼就只有电梯井矗立,方便老人们可以从一楼坐电梯通向各个楼层。有时候也会在天台上举办义工的表演慰问活动,站在这里可以看见远处的长江大桥,和四周同样高低的老城型社区的楼房的房顶。

除此之外,一楼的右侧有一间平房,是为养老院老人、社区居家老人们提供一日三餐的食堂。在离养老院不远的社区居委会内,设有社区居家助养中心,主要是为居家养老的老人们提供家政服务和心理关爱服务。

2. 住在养老院里老人的日常生活

从入住的老人的总体情况来看,该养老院最多可容纳自理和半自理老人

75人（一楼至三楼），完全失能或者失智老人15人（三楼温馨室），但是因为有些老人会有单间的需求，所以可能会占到两个床位，养老院采用的是弹性的入住期限，每月交一次养老费用，常常会有因病住院、回家疗养、不适应养老院生活、去世等各种因素，老人们的流动性很大，所以养老院常年月均入住人数为45人左右，自养老院2014年开办之后，入住养老院共有188人/次，当前在此常住的老人大约在40人左右，期间常会在过年期间回家住一段时间，共有37名老人在养老院去世，102名老人中途离开养老院回家养老或者转到其他机构。

养老院的工作人员在老人们的生活中扮演重要角色，他们为老人提供了家庭般的社会支持。因为中国有孝的文化传统，所以儿女对老人的支持具有物质和精神双重的意义，送进不错的养老院算是体现了物质的支持，但不来看望导致精神支持的缺失，通过与其他老人子女的对比会产生心理失衡，那么，这个家庭般的社会支持该如何体现？护理员起到了日常护理的工作，义工组织在感情方面为老人起着心灵慰藉的作用。

养老院里的老人大部分是女性，男性相对较少，并且基本上沉默寡言。大约半年之后，研究者们在养老院已经不再是一个突兀的存在，老人们对研究者们的意图和功能已经有所了解，研究者们对整个养老院也基本上了解。

他们生活得也很有规律，早上七点多起床吃早餐，上午养老院最年长的LST为老人们播放楚剧的光盘，后来在看光盘之前老人们会在一楼门厅做拍手操，HML、WZZ等人在三楼活动室写毛笔字，中午十一点多吃饭，午休后WLR等人打麻将，WLQ、WZZ等打牌，其他婆婆在一旁观看，傍晚五点钟吃饭后休息。因为是自然观察，加上一开始是以心理咨询师身份进入现场的，所以研究者们尽量不以调查访谈的方式干扰老人们日常的生活，除非已经足够熟悉，并且老人主动表示出对于接受访谈的兴趣。所以在将近两年的时间里，在养老院的参与式观察既兼顾了面，对于所有的老人都做到了相互认识和熟悉，又兼顾了点,即对合适的对象进行了深入的访谈和跟踪观察。

3. 社区助养老人们的日常生活

正如上文所述,中国大部分老人们选择的是居家养老的模式,户部巷社区也不例外。根据社区工作人员提供的资料,该社区 60 岁以上的老人有 2600 人,其中 65 岁至 89 岁的老人 1730 人,90 岁及以上的老人 44 人。而当前在养老院里住养的老人(年龄分布主要在 65 岁以上)只有 49 人(截至 2018 年 5 月 31 日)。如果假设到其他养老机构住养的老人和其他社区到该养老院里住养的老人人数相等,那么将近 97.2% 的老人们是居家养老的。其中有一部分已经失能或者失智,需要社区助养中心提供送餐、做卫生、洗衣服以及提供心理关爱等服务,他们的日常生活主要是待在家里看电视,有的与家人生活在一起,有的是孤身一人。

(三)非正式访谈结果报告

1. 老人日常谈话的生活主题分析

经过初级编码,发现其日常谈话中所涉及的生活主题主要有年龄、身体健康、亲人关系、邻居关系、生活来源、生活感受、生活策略等。

(1)有关年龄

老人们在第一次见面的时候就会把自己的年龄告诉给陌生的客人,如 LST 在与研究者第一次见面的时候就把工作证拿出来,证明自己是 1919 年生的,而他的身份证上信息显示是 1921 年生,建筑机械岗退休干部(D - 20160321 - LST)。QXY 第一次见面告诉研究者她 84 岁(D - 20160321 - QXY),YLY 第一次见面告诉我们她的实际年龄为95岁（D-20160321-YLY），WSX则第一次见面告诉研究者她87岁（D-20160321-WSX）。有关自己的年龄信息是具有隐私性的，尤其对于女性而言，第一次见面就告诉他人自己的实际年龄，这样的做法是对于许多其他年龄阶段的人来说是很难做到的。

（2）有关身体健康

研究者在现场与老人足够熟悉之后，与养老院老人见面第一句话就是问候他/她最近的身体是否健康。即便是在面对不是很熟的老人时，她/他仍然乐意谈论自己的身体状况。

如JGY在第二次见到研究者的时候说：

"现在眼睛耳朵都不行了，以前就看电视里放的那个叫'养生堂'的，专门讲养生的（R-20180703-JGY-07）。"

与汪爹爹第一次长时间聊天的时候，他说看起来很健康，但是有高血压、脑梗、心动过缓等一大堆毛病（D-20170603-WCA-02）。

（3）有关生活来源

YLY第一次见面告诉研究者每月有4000多元的退休金（D-20160321-YLY），并且很自豪地告诉研究者：

他（二儿子）招呼我的，招呼得还好，我要钱用他还是把，四百五百，我要钱，他还是给。王总那里我存到这些了，我存着的，这是几多呢（她比出五个指头）（R-20180530-WSX-13）。

（4）有关亲人关系

YLY第一次见面告诉研究者每月有4000多元退休金的目的在于，自己把养老金放在二儿子那里，二儿子负责交了养老院的钱后还会给零用的钱，觉得自己没有成为家庭的负担（D-20160321-YLY）。她在一开始都是以这一种非常积极的情绪面对不熟的人,第一次看到她情绪不佳是在一个端午节的前夕。她抱怨三个儿子一个女儿端午节都不来看她,不如死了算了。她说:

　　幸亏自己养老院的钱是自己出的,不然活着还干啥?(R - 20160606 - YLY - 02)。

　　QXY 的儿子在 45 岁的时候患癌症去世,她的丈夫在 2017 年初去世,她说:"爹爹(武汉方言,意指自己的老伴)也死了,儿子也死了,活着啥意思。"(R - 20170831 - QXY - 01),半年后,据 WSX 说,QXY 跟女儿闹了矛盾,争了几句嘴,喝了她攒了好久的安眠药走了(D - 20180114 - WSX)。

　　积极层面来讲,居住在家但需要社区助养的 JGY 对于有一个非常孝顺的儿子感到非常自豪,并且当面称赞他:

　　(我的生活)全靠他,我们小区的人都说他好(R - 20180703 - JGY - 06)。

　　我现在,想什么呢,别的都不追求,要清静,所以他们这些儿子我说啊,我孙子那些什么都蛮好(R - 20180703 - JGY - 07)。

MZR 讲出了高龄老人住在家里或者住在机构养老的两难困境:

　　很矛盾,很矛盾,我很想儿子女儿住在一起,但是我想啊,影响他们的工作(R - 20170617 - MZR - 05)。

(5) 有关邻居关系

养老院的 C 医生的母亲住在养老院里九个月了,她说她妈妈基本上一个人都不认识。她说：

> 她（C医生的母亲）就是不愿意跟别个多交流，她愿意一个人，再一个她交流也要看（对象）（R-20180314-CYL-07）。

WCA在养老院住了三年多了，她却说：

> 到现在为止，这个养老院很多男同志我跟他一句话也没说过（R-20170725-WCA-10）。

（6）有关生活的感受

在养老院里，如果没有特殊的活动或者来客，大部分是安静的。他们坐在一起一般是不说话的。他们就那样静静地坐着，等待着什么。MZR说：

> 你们来了，我们是蛮高兴，你们不来，我们的生活一片枯燥，单调，一来我们的生活活跃起来了（R-20170617-MZR-03）。

有一天HML站在活动室与研究者聊了很久，提出一个问题：

> 我早都不想活了，那又怎么办呢？（D-20160411-HML）

这个问题WZZ也有类似的说法，她说完一天充实的活动后，来了一句感慨：

> 不然时间怎么过呢？（D-20160411-WZZ）

(7) 有关生活策略

WCA 认为老人退休后面临着转变和调整，只有这样才能适应老年的生活：

有的人转变很慢，三年五年可能还转不过来……去做一做实践实践，再根据自己情况调整调整，适应适应可能就要好一些（R - 20170725 - WCA - 07）。

随着身体越来越衰弱，JGY 也随之减少自己的活动，以降低跌倒的风险，并改变健身活动的方式：

去年我还好一点，还可以出去走一走，可以到外面慢慢转一圈，今年不行了。就是力不从心，花很多时间。所以出去了搭倒了，闯到别人了，那就蛮麻烦，后来干脆我就不走了，也走不了了。我就在家里面，每天就起来要是天好，就全身上下按摩（R - 20180703 - JGY - 06）。

2. 如何生存是机构助养老人的生活世界的中心话题

通过对机构助养老人生活主题的分析后发现，虽然聊天的话题很多，老人个性各异，但都指向一个共同的中心：如何好好活着。

(1) 住在养老院是为了适应年老体衰而选择的生活方式

比如 CMQ 在讲身体近一年差了很多的时候，是从自己吃饭这个事情说起来的：

现在饭量减了啥，减好多……慢慢慢慢的一年大一年了。消化能力就差了撒（声音低沉）（R - 20180701 - CMQ - 02）。

并且由身体变差而讲到与亲子的关系和住养老院的原因：

> 我娃们各人都有各人的事，我一个人在家里住着，我是十月份到这里来了……我一个人在屋里。没得吃的，我住的又是五楼，上下蛮累，我来这里是住的二楼，一楼没有位子，我说好，住二楼就住二楼（R-20180701-CMQ-07）。

讲到养老院的生活，也主要是在说吃饭：

> 这里都可以，都过得了。吃的喝的一日三餐，都送到你手上。又不让你动，衣服都帮你洗好。你觉得吃的不舒服，你另外吃。自己觉得确实吃不了这，我就到外头吃一点。（音调提高）这么多人，不见得合每个人的胃口，不见得每个人都吃得蛮好嘛！我在这里住了几个月，一共出去吃了三回（R-20180701-CMQ-08）。

（2）在养老院的生活是家庭生活的延续

YLY抱怨儿女不来看望她，说还不如死了算了，其实她这样说的反面是，如果儿女来看她，她就有了活下去的理由。事实上，她的儿女经常来看她，有一天她正怪孩子不来看她，孩子当天正巧就送了桔子来（并非她主动打电话给孩子们要求他们来看她的），所以她立刻就变得很开心，兴高采烈的（D-20161112-YLY）。所以，她的指责和抱怨带来的是继续活下去的动力。

MZR虽然身在养老院，心仍然在儿女身上：

> 我们在这儿（养老院），就给他们（儿女）添很少麻烦（R-20170617-MZR-04）。

(3) 要好好活着

前文中已经提到高龄老人尽量把自己的年龄往大了说，一方面可以获得高龄补贴，另一方面有长寿是福这种传统观念的促进作用，该观念会告诉老人：有必要尽各种可能活下去。

WCA 积极地适应退休后的生活，也是为了防止疾病的发生，能够更好地活着：

> 如果你这个人比较孤僻，不易跟人家进行交流，退休以后你又不适应这个退休环境，那一个人就很苦闷孤独，那这个时间长了说不定还闷出病来了（R-20170725-WCA-07）。

更为积极的表达或许是 JGY 所说的：

> 活一天，开心一天！高兴一天！现在生活条件好（R-20180703-JGY-07）。

(4) 长寿是福

他们讲年龄不仅不会因为自己年龄大而需要有所隐瞒，而且往往往大了说。上文所说的 LST 拿出工作证给研究者，当时研究者并没有理解到，他是要证明自己年龄更大，因为他的身份证上的出生年是 1921 年。YLY 则直截了当地告诉研究者她的实际年龄 95 岁，而身份证上的年龄小了，成 90 岁了。HML 也说自己当年上学晚，所以把自己的年龄写小了，她说她是 1921 年生，而她身份证上是 1926 年（D-20160411-HML-07）。

老人们尽量把自己的年龄往大了说，原因可能不仅仅为了获得高龄补贴，更重要的是中国人认为长寿是一种福气，高龄而能活着就是一种生活成功的象征。如黄婆婆第二次见到研究者就把研究者拉到她房间，观看了她的诸多书法作品，并教给我们写"寿"字（D-20160321-HML-02）。

他们对自己能够活到高龄是比较满意的，WSX认为老人们能活到这么大岁数了，也够本了（D-20180114-WSX）。WFL虽然总是记不得刚刚已经吃完了饭，半夜里常常起床到处走动而找不到自己的房间，但是有人愿意跟他聊天时，他对于自己长寿的自豪倒是十分清楚。他常常沉默一会儿就骄傲地宣布：

> 我已经八十八了（D-20180725-WFL）。

而实际上，他已经九十五了。

平时独居在家，社区助养的JGY婆婆说：

> 我老了到了这个岁数了，在这个楼里，就我年龄最大了（R-20180703-JGY-28）。

XPP说自己有一次昏迷，感觉到了"阴间"，"神仙们"告诉她死不了，要颐养天年：

> 我先还不知道颐养天年什么意思。后来我才知道，颐养天年是什么意思，我们在这里疗养，这不是在颐养天年吗。这就是颐养天年（R-20180704-XPP-17）。

QXY认为寿命跟人好坏有关系：

跟人好坏有关系。你良心坏了也活不成，会得怪病，现在好多年轻人得怪病（R-20160530-QXY-41）。

中国老人们认为，健康地活着是一种"福"的体现，长寿本身就是对自己人生的积极肯定，例如 WSX 摔跤了，就认为是福气不够了，所以身体衰老以至于跌倒了（R-20180530-WSX-30）。TXZ 摔倒后反思自己不该咒骂自己的养子的不孝行为，没修口德，但恢复健康后又认为是阎王爷不要自己，自己命中还有许多阳寿可活，只不过死罪可免，活罪难逃（D-20180713-TXZ）。在这里，健康本身不是目的，长寿才是目的。

3. 老人话语之外的生活世界分析

在养老院交流有语言的，有音乐的，有动作的，有沉默的。其中沉默的交流才是主体。老人们进行日常娱乐活动过程中，无论是打牌还是打麻将，无论是观众还是在席者，老人们基本上一句话不说。有一个叫 WJX 的老人在一个大房间住了两年多，居然说同屋的人一个都不认识，因为他不知道任何一个人的名字（D-20180714-WJX）。

老人们相处无言，一方面与他们的听力丧失有关，用语言沟通不太方便，另一方面，他们所要沟通的信息很有限，通过肢体语言足以达到目的。此外，由于大家处境一样，心境相同，基本使用不到语言之讲述故事、解释原因、建构关系等各种功能，所以说话的社会动机也较为缺乏。正如 MZR 所说，当研究者不来时，养老院的生活就显得单调而枯燥，研究者一来，老人们的生活就活跃起来了。

XZY 婆婆基本上听不到别人的讲话，以至于研究者一直以为她不愿意说话，更愿意生活在无声的世界中，直到有一天，她感觉认识研究者，很热情地

招呼研究者并拉着说话,虽然她仍然不知道研究者在说什么。她说:

> 活一天算一天……还能再活几年呢?(R-20180704-XZY-12)

这是机构助养老人在日复一日的沉默和等待中的生活态度。这是老人生活意义的表达,这构成了老人们生活的动力。沉默会显得冷清,但也可能是清净;等待他们的是死亡,但并非没有希望。TXZ 总是静静地坐在门厅里,让人看起来感觉有些冷淡。问她时,她说自己不喜欢说话,喜欢清静(D-20161220-TXZ)。WSX 的大女儿答应在她 90 岁的时候带她去旅行,这就成了她生活的希望之一:

> 她(大女儿)说要我明年到了 90 嘞她接我过去,先接我到北京,北京玩了玩半天啊,再到处去玩一下。(R-20180513-WSX-13)""丫头她回来接我,接我到她那里去啊,她要我呢,先到北京去把那个毛主席的像升起来我看一看。毛主席像还可以升起来哈,你知不知道(R-20180513-WSX-14)。

无论是"活一天,开心一天"(R-20180703-JGY-07),还是"活一天算一天"(R-20180704-XZY-12),前提都是活着,活下去。在这个基础上,老人才会对未来的生活仍然怀抱希望(R-20180513-WSX-13)。

四、结论与讨论

机构助养老人,无论是养老院里住养还是社区助养的老人,谈论的话题基本上不外乎年龄、收入、身体健康、亲人关系、邻居关系、生活来源、生活感受、生活策略等内容，其中健康是被言说最多的话题，原因之一是健康与长寿密切相关。

寿，又叫寿命，阳寿，大限。在中国传统中似乎是由命中注定的，天命难以违逆。在中国人的观念中，"长命百岁"常常被作为一种对老人的祝福之辞，所以寿基本上与福紧密相连。YLY、HML也反复强调自己的实际年龄比身份证的年龄大，说明高寿对于她来说，也是一个重要的福的象征，HML第二次见到志愿者就教给志愿者用毛笔字写"寿"，说明高寿对于她来说是一件非常自豪的事情。由于中国人对于高寿的老人尤其是百岁以上的老人给予充分的尊敬和优待，高龄老人们经常会把自己的年龄报告得虚高，以至于在抽样调查中必须要考虑到这个因素（中国高龄老人健康长寿研究课题组，1998）。

现代医学出现后，在大量医疗案例的基础上，对于一些患有不治之症的人就有了较为准确的判断，所以就变得不那么神秘了，并且使人们普遍认识到健康和长寿之间的关系，于是人们对寿命的预期就与身体健康联系起来。

徐勤（2001）对1998年中国老年健康影响因素跟踪调查（The Chinese Longitudinal Healthy Longevity Survey，CLHLS）的数据分析表明，健康自评影响着老人所有的正向心理特征及心理感受，例如是否想得开、是否爱干净、是否自己做主、是否感觉快乐、是否感觉孤独、是否感到不中用等，其影响的程度远高于其他所有的生活要素，如闲暇活动、性别、年龄、居住方式、经济来源、居住地、过去职业。从上述论述中可以分析出健康状况尤其是健康自评似乎对中国老人的幸福影响甚大，其背后有一个预设：健康是福。

曾毅（2013）在论述中国老年健康影响因素跟踪调查研究及相关政策时认为，高龄长寿老人（一般指90岁以上）大多数都比较健康，否则一般难以活到如此高寿；有的老人在九十多岁还思维敏捷，甚至一百多岁还健康快乐、享受良好的生活质量；健康长寿老人中多数无大病而寿终正寝，而其他很多老人却在六七十岁时重病缠身、痛苦连年而终。也就是说，健康与长寿密切相关。

但是在后续的研究中,健康、健康自评和年龄对老人生活幸福感的影响并不一致。刘吉(2015)对2011年中国健康与养老追踪调查(China Health and Retirement Longitudinal Study,CHARLS)的分析结果表明,年龄越大的老年人的整体生活满意度越高。通常而言,随着年龄的上升,老年人的健康情况、收入水平都会有不同程度的下降,同时,又容易受到亲友过世等因素的影响,这些都会导致年龄对于老年人生活满意度产生负向作用,这就与健康对老人生活幸福感的正向预测关系存在冲突。

对于这个悖论,骆为祥和李建新(2011)认为,年龄对于老年人生活满意度存在正向作用,其正向作用的来源可能包括年龄的成熟效应、存活效应等。成熟效应的作用机制可以通过社会情绪选择理论的老年积极效应(Mather & Carstensen, 2005)和毕生发展理论的选择—优化—代偿成功老化策略(Baltes & Baltes, 1989)进行阐述,存活效应则可以用曾毅等人(2013)的描述来说明:

"按照近期死亡水平的估算:中国50岁中年人活到100岁高寿的平均概率为0.3%。显然,与普通人群相比,经过健壮者存、病弱者亡,漫长岁月严格筛选的长寿老人的生活习惯、性格、心理素质、饮食、家庭及周围环境等有可能更利于老龄健康或抑制疾病基因的负面作用,他们比较有可能携带有利于抗病和保持健康的基因。很多学者将健康长寿老人称为'成功老龄化'典范。"

需要注意的是,CHARLS的数据收集的对象是年龄处于45岁以上的中老年人,随着年龄的增长,成熟效应等发挥的正向作用可以超过负向作用,但是到了80岁以上的高龄之后,则可能无法达到这种功效了,所以出现与徐勤(2001)对1998年CLHLS数据分析的结果不一致的情况,该调查的对象均为80岁以上的高龄老人。这就意味着,所谓的年龄成熟效应对于提升高龄老人的幸福感的作用是有限的。超过80岁之后,影响老人幸福的因素可能并非是老人个人的健康、认知策略、情绪感受等方面，而是包括对生死观念的接纳和认同。也就是说，对于高龄老人而言，健康是福的预设存在问题，长寿是福这一观念对老人来说才更具有意义。

"福、禄、寿"在中国文化中常常被相提并论，长寿是福这一个观念具有鲜明的中国文化特色，它显然不能用老年积极效应、成功老化策略来解释。本文的研究表明，在老人的生活世界里，有的老人的生活是快乐恬淡的，有的是悲苦哀伤，更多的则是安静和等待。他们的生活有积极的一面，也有悲惨的故事，但无论是对健康的每况愈下的倾诉，还是对亲人邻居的不满和抱怨，都是为了更好地生活下去。长寿之福并非仅仅是一种主观幸福和满意的体验，它还有更深层的文化内涵。

在中国传统文化里，老本身就是一个更具积极意义的词汇，例如老师、长老、老朋友、老熟人等等。在中国古代，生活物资都由老人来"管"。《礼记·王制》："有虞氏养国老于上庠，养庶老于下庠。"《礼记·明堂位》："米廪，有虞氏之庠也"。《说文》："庠，从广，羊声。"米廪为臧养人之物，这是氏族藏公共粮食的地方，由老人看管，是氏族养老行礼之地，原始社会以羊为美味，只有氏族长老才配食用，食羊者的住处称为庠。（孙培青，2000）

在中国古代的文献记载中，养老的地方早期就是教育的地方，如《孟子·滕文公上》："庠者，养也。"在氏族社会中，生活经验丰富的老人承担着教育年轻人的任务，这种活动要就老人的方便，所以在养老的地方进行，所以庠也就成为最初的教育场所。《孟子·滕文公上》："夏曰校，商曰序，周曰庠，学则三代共之，皆所以明人伦也"，朱熹注：庠以养老为义，校以教民为义，序以习射为义，皆乡学也。（孙培青，2000）

在当代中国人的俗语中，也有"家有一老，如有一宝"的说法，尤其是对于自己的父母而言，无论多么年迈，都会有一种"父母在，人生尚有来处；父母不在，人生只剩归途"的感叹。

也就是说，对于需要机构助养的高龄老人而言，在他们的生活世界里，如何活着才是最基本的生活主题，所谓的"成功老化（successful aging）"（Baltes & Carstensen, 1996）只是老人世界中更高生活目标的追求。如果把研究的重点只是着眼于环境线索（Environmental cues）对老化的负面影响（Hsu, Chung, & Langer, 2010），老化过程中社会动机的改变所导致的"老年积极效应"（Mather & Carstensen, 2005），从成功老化到第四龄的尊严（esteem of the fourth age）（Baltes & Smith, 2003）等问题，而不是去理解他们的内心世界，去理解他们想要活下去的强烈愿望，那么这个世界之对他们而言，就已经处于隔离状态了。

在本研究中，机构助养承载着这些年迈老人生活之"家"的功能。健康、认知能力、生活满意度等事关生活质量的影响因素固然重要，但克服各种生存的困难活下去才是更为根本的话题。"活一天，开心一天"，是对该话题积极层面的表达。从消极的意义上讲，他们是在挨日子："活一天，算一天"。即便是这样，在中国文化中，长寿仍然是值得追求的：长寿是福——活着本身就具有意义的，不管快乐还是痛苦。这些机构助养的老人虽然绝大部分已经年迈，但他们仍然希望能够活得长寿一点儿，在这个基础上，尽可能快乐一点儿当然也不是坏事，但是生存下来是基础，生活得快乐只是更奢侈的追求。

当前在有关老年人的研究里，对于机构住养和社区助养的老人的生活世界的描绘，大部分不属于学术研究的工作，尤其对于以量化研究为主的心理学而言。所以在学术研究的刊物中，从学术角度研究他们生活世界的文献乏善可陈。当然，也偶有对居家的孤老生活世界的学术研究（Porter, Oyesanya, & Johnson, 2013），该研究分析了81名年龄在75岁至98岁之间的老年女性的生活世界。结果发现对生活的希望来自过去经验，通过当下的叙述，对未来生活的清晰度呈现出不同的层次。尽管老年女性承受着孤独、慢性疾病和其他健康困境，对生活的希望并不受临终疾病的影响。遗憾的是，这项研究至今没有引起多少同行的关注，至今没有一次被引用。

从国外翻译而来的现代汉语中，"老"包含了更多具有消极意义的词汇，例如老巫婆、老妖怪、老年病、老弱病残等。研究者曾经对比中文和英文文献中有关"老化（aging）"的研究，结果发现中文的文献中主要将"老"和"养"结合起来，而英文文献中"老化"更多与焦虑、抑郁、痴呆等各种疾病相联系。（Wang & Yu, 2018）。

即便是在重视养老的中国文化下也会发生这种研究偏差。在中国的文献中，对于高龄老人的生活世界进行研究的文献寥寥无几，学术期刊网上仅有一篇有关农村老人生活世界中的手机的研究（吴文文，2016），梳理农村老人如何使用手机、使用手机的哪些功能及使用手机的时间，进而了解农村老人手机使用基本情况，揭示出现代社会年轻人拥有更大的知识和技术优势，凸显了代沟的存在。新技术的应用促进了年轻个体的社会融入，又带来老年群体话语的丧失。

影响中国人幸福感的因素里，与他人和谐与否是至关重要的一个因素，尤其是父母、子女等重要他人对个人的幸福影响至关重要（钟年、王堂生，2017）。中国高龄老人的幸福感和生命的意义不主要取决于其个人的体验、快乐，而更取决于其自己认可的生命价值——对子女和他人的意义。

在本研究中，QXY老年丧子，她的儿子在他45岁的时候患癌症去世，她的丈夫在2017年初去世，她说："爹爹也死了，儿子也死了，活着啥意思。"（R-20170831-01）所以在与女儿的一次争执之后服用过量的安眠药去世。一个Z姓的婆婆跌倒骨折并且年迈无依，但是她认为只要她活着，还没结婚的女儿就有人牵挂和关照，就不至于那么孤单（D-20160401-ZPP）。MHJ因为自己的身体不好，两个儿子生活也很困难，认为自己活着是负担，所以几次自杀（D-20180811-MHJ）。MZR认为老人们住在养老院，可以给儿女们少添麻烦（R-20170617-MZR-04），子女生活过得好比自己生活过得好更让自己感到好：

我说只要你在那里好，你哥一家全好。你的一家全好，比我一个人好，更好（R - 20170617 - MZR - 36）。

ZYQ 与 MZR 的感受一样，希望儿女有出息，远走高飞，但是晚年爱与付出都无所寄托，挂望过度，慢慢就转变为老年痴呆的症状了（D - 20190216 - ZYQ）。

老人们的存在，让其后代在社会年龄上更为年轻，从而在角色、身份等方面为后代们提供了一个孩童般的安置，在心理和精神上对于子女都有极大的慰藉作用。同时，由于老人的存在，与老人相关的后代们常来常往，会加强亲人之间的关系，让后代有一种归属感。

在本文的机构助养老人的研究中，老人们往往处于失语与隔离的状态，这种状态是中国传统文化资源的浪费，他人层面的幸福对每个中国人而言都是不容忽视的。老人们想要好好活着，他们认同长寿即福，他们对于生活的希望和对生命意义的追求，仍然值得国人了解和学习，以便滋养每个家庭和社会，有助于中国人获得更深层次的、可持续的、互惠的人生幸福。

参考文献

联合国（2002）. 马德里政治宣言. 来源：联合国官方网站 http://www.un.org/chinese/esa/ageing/declaration.htm. 访问时间：2016 年 11 月 19 日.

林明鲜，刘永策（2015）. 城市居家与机构养老老年人生存现状比较研究. 济南：山东人民出版社，91—95.

刘吉（2015）. 我国老年人生活满意度及其影响因素研究——基于 2011 年"中国健康与养老追踪调查"（CHARLS）全国基线数据的分析. 老龄科学研究（1），69—78.

骆为祥，李建新（2011）. 老年人生活满意度年龄差异研究. 人口研究，35（6），51—61.

沈可（2013）. 中国老年人居住模式之变迁. 北京：社会科学文献出版社，92—123.

孙培青（2000）. 中国教育史：修订版. 上海：华东师范大学出版社，9—20.

吴文文（2016）. 农村老人生活世界中的手机. 硕士学位论文，华中师范大学，武汉.

武汉市统计局（2016）. 武汉统计年鉴. 北京：中国统计出版社，40—43.

武汉市统计局（2017）. 武汉统计年鉴.2017. 北京：中国统计出版社，377—378.

徐勤（2001）. 高龄老人的心理状况分析. 人口学刊（5），45—52.

曾毅（2010）. 老年人口家庭、健康与照料需求成本研究. 北京：科学出版社，172—176.

曾毅（2013）. 中国老年健康影响因素跟踪调查（1998—2012）及相关政策研究综述（上）. 老龄科学研究，1（1），65—72.

中国高龄老人健康长寿研究课题组（2000）. 中国高龄老人健康长寿调查数据集（1998）. 北京：北京大学出版社.

中华人民共和国民政部（2017a）. 2016 年社会服务发展统计公报. 来源：民政部门户网站 http://www.mca.gov.cn/article/sj/tjgb/201708/20170815005382.shtml. 访问时间：2017 年 8 月 3 日.

中华人民共和国民政部（2017b）. 中国民政统计年鉴：中国社会服务统计资料.2017. 北京：中国统计出版社.

钟年，王堂生（2017）. 文化心理学视角下中国人的和谐与幸福. 江西社会科学（09），20—27.

Baltes, P. B. , & Baltes, M. M.（1989）. Selective Optimization with Compensation — A Psychological Model Of Successful Aging. *Zeitschrift Fur Padagogik*, 35（1），pp. 85 – 105.

Baltes, M. M. , & Carstensen, L. L.（1996）. The Process of Successful Ageing. *Ageing And Society*, 16，pp. 397 – 422.

Baltes, P. B. , & Smith, J.（2003）. New Frontiers in the Future of Aging：From Successful Aging of the Young Old to the Dilemmas of the Fourth Age. *Gerontology*, 49（2），pp. 123 – 135.

Hsu, L. M. , Chung, J. , & Langer, E. J.（2010）. The Influence of Age-related Cues on Health and Longevity. *Perspectives on Psychological Science A Journal of the Association for Psychological Science*, 5（6），p. 632.

Mather, M. , & Carstensen, L. L.（2005）. Aging and Motivated Cognition：The Positivity Effect in Attention and Memory. *Trends in Cognitive Sciences*, 9（10），pp. 496 – 502.

Melorose, J. , Perroy, R. , & Careas, S.（2015）. World Population Prospects：The 2015 Revision, Key Findings and Advance Tables. In *Working Paper No. ESA/P/WP*. 241. pp. 1 – 59.

Porter, E. J. , Oyesanya, T. O. , & Johnson, K. A.（2013）. "Hoping to See the Future I Prefer"：An Element of Life-world for Older Women Living Alone. *Ans Adv Nurs Sci*, 36（1），pp. 26 – 41.

Seaver, A. M.（1994）. My World now. Life in a Nursing Home, from the Inside. *Newsweek*, 123（26），p. 11.

Wang, T. , & Hou, C.（2016）. A Topical Structure Analysis on Chinese Aging Study and Practice in the View of Culture Psychology. In Tian Xie, Lisa Hale, and Jin Zhang（eds）. *Proceedings of the Second Summit Forum of China's Cultural Psycholo Gy*, The American Scholars Press. pp. 164 – 170.

Wang, T. , &Yu, Z.（2018）The Study on Aging Psychology According to the Elderly Care under the Glocalization Perspective. *International Journal of Culture and History*, 4（4），pp. 109 – 113.

Longevity is Blessing: A Study on the Life World of the Elders Based on Participant Observation and Informal Interview

Wang Tang-sheng[1] and Zhong Nian[2]

([1]Wuhan University of Technology, Wuhan, 430070)

([2] Wuhan University, Wuhan, 430072)

／ Abstract ／

The research is a two-and-a-half-year participant observation of the old-elders who received care and support from nursing homes and communities. The research examined the life of the institution — based elders in the aspects of nature, society and psychology, through informal interviews with 56 elders and an analysis of the aspects of life they cared about. The results showed that although the cohort of elders included in the study were different in their real life circumstances and personality, they mentioned similar topics in conversations, such as age, health, relationships with relatives and neighbors, sources of life support, feelings towards life, and life strategies. These topics shared a common theme: how to live a life that is suitable for oneself. Both soundless behaviors and vocal words reflect ways, status, and meaning of life. In conclusion, the traditional Chinese belief that longevity is a kind of well-being in itself makes it easier for the elders to adapt to old life, which should receive much attention among Chinese people, especially when technological development is making the elders more and more isolated in the modern society.

／ Keywords ／

The elders, Life-world, Participant observation, Informal interview, Longevity, Blessing

《心理传记与质性心理学》征稿启事

《心理传记与质性心理学》（*Psychobiography and Qualitative Psychology*）（原名《生命叙事与心理传记学》）集刊由中国心理学会心理学质性研究专业委员会和岭南师范学院心理传记学与生命叙事研究所共同主办，每年出版两辑（6月和12月出版），中央编译出版社出版。本刊实行匿名审稿制，设有如下栏目：心理传记学；叙事心理学（含生命叙事、自我叙事、生命史等）；以及其他各种质性方法在心理学研究中的应用（如扎根理论、解释现象学分析、话语分析、对谈分析、叙事访谈、生命故事访谈、焦点团体、民族志、参与式观察等）。

投稿格式要求：

一、稿件提交：来稿需提交 Word 文档电子版（发送至电子邮箱：smxsxlzj@sina.com）

二、文章字数要求：考虑到本集刊的特点及创新性问题，对稿件字数不做严格要求，但每篇文章最多不超过 3 万字。

三、文题、作者及单位：中文文题一般以 20 个汉字以内为宜。作者姓名列在文题下，单位列在作者姓名之下。单位项依次列出单位名称，单位所在城市和邮政编码，三者之间用逗号分隔。如有基金资助的文章，在文题后面打上"*"，在页下注中列出"*"及所对应的基金名称、项目批准号；同时，也一并在首页页下注中列出第一作者或通讯作者的电子邮箱。

四、摘要和关键词：须附中、英文摘要。中文摘要不超过 300 字，为了便于国际交流，英文摘要可长些，但不超过 500 字或一页。中英文关键词 3—5 个，每个词之间用逗号分隔。摘要二字之间隔一个汉字。

五、正文：各级标题序号依次用一、（一）、1 和（1），做为一级标题，二级标题，三级标题和四级标题。文中表格采用三线表。根据出现的顺序列出表（图）1、表（图）2 及其相应的名称等。表（图）序及表名列于整个表（图）上方正中间，如有表（图）注，列在表（图）的下方。

正文中引用的研究文献可以作为句子的一个成分，放在引用内容的前面，例如，张三和李四（2011）认为……；也可放在引用内容的后面，例如，……心理传记学与人格学的关系（张三，李四，2011）。最多列出三个作者，中间用逗号分隔；如是英文作者，两个作者的，其间用"&"号分隔，三个作者的，在第二作者与第三作者之间用"&"。超过三个作者的，后加"等"字或"et al."。如直接引用他人的一段话，可另起一段，缩进两字，不加引号，小 5 号楷体。正文中注释采用页下注（脚注），用符号①、②……在文中标出，每页依序重新编号。引用内容如果为图书文献，要在相应的文中列出引用的内容所在页码，例如，（张三，1998，p. 68）。

六、参考文献：执行 APA 格式的"作者－出版年制"。中文文献在前，英文文献在后，按照作者姓氏字母顺序排列。几种主要文献的书写格式举例如下：

1. 中文文献

（1）引用期刊

作者（出版年）. 文章题目. 刊名. 刊卷（期），页码.

张建人，周晋彪，凌辉（2010）. 鲁迅人格的心理传记学研究. 中国临床心理学杂志，18（3），339－342.

(2) 引用专著

作者（出版年）．书名．出版社所在城市：出版社．

胡波（1997）．岭南文化与孙中山．广州：中山大学出版社．

(3) 引用析出文献

作者（出版年）．析出文章名．编者．书名．出版社所在城市：出版社．

何翠萍（1992）．比较象征学大师——特纳．见黄英贵主编．见证与诠释：当代人类学家．台北：中正书局．

(4) 引用译著

作者译名或原名（采用译名或原名以译著封面标识为准）（译著出版年）．书名(某某译)．出版社所在城市：出版社．(原著版本语言及出版年)．

沃尔特．C. 兰格（2011）．希特勒的心态——战时秘密报告（程洪雁译）．北京：中央编译出版社．(英文版 1972 年)．

(5) 引用会议论文

作者（出版年月）．论文题目．会议名称，会议地点

郑剑虹（2011，9月）．心理传记学研究的质量结合模式与资料筛选．第七届华人心理学家学术研讨会论文，台北．

(6) 引用学位论文

作者（出版年月）．论文题目．学位，授予学位单位，城市．

朱晨海（2003）．近现代中国文化名人人格研究．博士学位论文，华东师范大学心理系，上海．

2. 英文文献

(1) 引用期刊（刊名斜体字）

Authur, A. A. (year). Title of article. *Title of Periodical*. issue, page number.

McAdams, D. P. (2001). The Psychology of Life Stories. *Review of General Psychology*, 5 (1), 100–122.

（2）引用专著（书名斜体字）

Authur, A. A. (year). *Title of Work.* Location: Publisher.

McAdams, D. P. & Ochberg, R. L. (1988). *Psychobiography and Life Narratives.* Durham and London: Duke University Press.

（3）引用析出文献（书名斜体字）

Authur, A. A. (year). Title of chapter. In Editor A. & Editor B. (Eds.), *Title of book* (page number). Location: Publisher.

Crosby, F., & Crosby, T. L. (1981). Psychobiography and psychohistory. In S. L. Long (Ed.), *The handbook of political behavior* (pp. 195 - 254). New York: Plenum.

（4）引用会议论文（论文题目斜体字）

Authur, A. A. (year). Title of Paper. *Paper Sourse*, Location.

Karpiak, I. E. (2008, October). At midlife: crossing a threshold of change, challenge, and creativity. Paper presented at National Chengchi University on 2008 International Conference on Creativity Education, Taipei.

（5）引用学位论文（论文题目斜体字）

Authur, A. A. (year). Title of paper. Degree, University, City, Country.

Almeida, D. M. (1990). *Fathers'participation in family work: consequences for fathers' stress and father-child relations.* Master dissertation, University of Victoria, Victoria, British Columbia, Canada.

未提及的文献类型，请查阅《美国心理协会写作手册》（英文第5版，中译本，重庆大学出版社，2008）。

其中中文部分的逗号、括号等标点符号用全角，连接号"—"为一字线。英文部分标点符号为半角，连接号"-"为半字线。不可混用。

已有中文译本的英文文献，如果作者参考的是原著，则按英文文献处理；

如果参考的是译著，则按照中文文献中的译著处理。

七、访谈稿：访谈录音稿转录为逐字稿后，要断句，加标点符号。

八、数字：公历世纪、年代、年、月、日、时刻和计量均用阿拉伯数字。

九、字体要求：文题（小2宋体加粗）；作者（小4宋体加粗）；作者单位（小5宋体）；摘要与关键词（小5宋体，1.5倍行距。摘要二字之间分隔一个汉字，关键词之间用逗号分隔，摘要和关键词这几个字字体加粗）；正文（5号宋体，1.5倍行距编辑；英文和数字均采用"Times New Roman 字体；图表为小5号宋体。一级标题4号宋体加粗，二级标题5号宋体加粗，三级标题5号黑体，四级标题5号宋体）；参考文献四字顶格，5号宋体加粗；引用的各类参考文献字体为小5号宋体。脚注字体为6号宋体。英文刊名、书名、会议论文、学位论文和网络论文题目用斜体。文中的统计学符号采用斜体。